THE FACTS

HOW TO SAVE OUR PLANET

拯救地球

事實與真相

MARK MASLIN
馬克·馬斯林

鄧子衿 ——— 譯

獻給我的母親

凱撒琳・安・馬斯林（1943-2020 年）

如果沒有您，我不會成為現在的我。

給每位準備要讓世界變得更好的人。

好評推薦

「從太初洪荒到快速暖化的未來世界，馬克用飛快的速度帶領我們了解人類改變地球的方式，並且提出了清晰的步驟，讓每個人都能依循而讓世界變得更美好。」

——威爾·麥卡拉姆（Will McCallum），英國綠色和平組織海洋專案負責人，著有《減塑生活：與塑膠和平分手，為海洋生物找回無塑藍海》。

「想要了解地球現況如何造成？要如何解決現況？你需要讀這本書，其中對於對抗氣候變遷的看法既實際又樂觀。」

——傑米·馬格林（Jamie Margolin），氣候行動主義者，「零時」（Zero Hour）創辦人。

「馬克·馬斯林是環境病理學家，剝除了問題的外表而明確直指核心。這本書是人類活動的地圖，有資訊也有

鼓勵，應該人手一本，好解決我們當前的危機。」

——貝拉‧拉克（Bella Lack），
保育家與環境行動主義者。

「氣候變遷的相關事實從沒有寫得如此讓人理解並且充滿說服力。本書是必讀之作，並且要遵照執行。」

——克莉絲緹亞娜‧菲格雷斯（Christiana Figueres），
著有《我們可以選擇的未來》。

「及時又重要的書籍，不只呈現事實，也提出了解決當前挑戰的實際方式。」

——艾莉絲‧羅伯茲（Alice Roberts），
著有《幾乎不可能的事件造就了生命》
（*The Incredible Unlikeliness of Being*）。

「有些書重要，有些書必要，這本書顯然屬於後者。這本書的文字坦白而有力，清楚而明晰，我現在覺得更清楚解決方案，更有能力改變未來。」

——梅根‧麥庫賓（Megan McCubbin），
動物學家、攝影師、BBC 節目
《守望春天》（*Springwatch*）主持人。

「馬斯林清楚的在這本必備的手冊中，集結了毫無爭議的事實，能夠幫助我們在迷失的時候找到方向。」

——迪佩希‧恰克拉巴帝（Dipesh Chakrabarty），著有《行星時代氣候史》（*The Climate of History in a Planetary Age*）。

「這本書的重點在於給予人們行動力，提醒我們事實與行動的重要，每個人都能帶來改變，馬斯林教授把方法都寫在這本書中了。帶上這本手冊，一起來拯救地球吧！」

——彼得‧謝高爾（Peter C. Kjærgaard）博士，哥本哈根大學丹麥自然歷史博物館主任，人類史教授。

「馬克‧馬斯林的書是裝滿事實的炸彈，能夠炸醒拒絕承認氣候變遷的人，並且打開道路，讓我們對地球史上最大危機採取行動。」

——羅傑‧海菲爾德（Roger Highfield），科學博物館集團科學部主任。

「精彩震撼又充滿希望，喚起眾人攜手保護未來。書中充滿清楚又實際的方案，讓我們解決許多人認為太複雜

又強大而不願面對（遑論解決）的問題。拯救世界可不是小事，但是拿起這本書是個好的開始。」

——芭黎絲·李斯（Paris Lees），
英國版《時尚》（*Vogue*）作家，社會運動者。

「必備的手冊，有各種實證，召喚我們對於氣候變遷馬上採取行動。」

——珍妮佛·摩根（Jennifer Morgan），
綠色和平全球執行長。

目錄

宇宙及地球起源的過程與數據，地球是人類居住的獨特星球。這章的內容是提供關於這個珍貴行星、生命演化，以及現代人類危機的基本知識。

人類社會發展的過程與數據。這一章讓你了解人類從狩獵－採集者到建立消費資本主義帝國的整個過程。

我們有力量掌控自己的生活，並且影響周圍的人。
這一章的內容讓你知道個人可以採取的積極行動。
個人是帶來改變的基本力量。

商業控制了人類的生活，包括吃的食物、買的東
西、看的資訊，甚至投票的人選。這一章討論的是
我們能夠藉由引導企業的正面行為而改變世界。公
司是帶來改變的重要武器之一。

政府照顧我們的安全與福祉，他們經由設立法規和
發展政策，掌控了文明社會的發展方向。這一章要
探討的是，法規、稅制、補助與獎勵方案，都是政
府可以讓社會更為永續的手段，最終能夠讓碳排放
降為零。政府也能刺激創新。

前言

格蕾塔・桑柏格（Greta Thunberg）、反抗滅絕（Extinction Rebellion）環保運動、跨政府氣候變遷研究小組（IPCC）影響力深遠的報告、BBC 第一台的節目《氣候變遷：事實真相》（*Climate Change: The Facts*），以及世界各地的政府，都公告了人類正處於氣候危機中，使得全世界對於氣候變遷與環境危機的警覺心越來越高。

這份警覺正持續增長。

科學研究指出，人類所居的地球以及人類這個物種，面臨了巨大的危機，這項危機是人類自己造成的。

我們現在就需要處理這項緊急的危機。

現在有許多關於氣候變遷的書。

有些書的內容讓人恐懼，有些書的只是在說教。

這本書不同。

這是讓每個人都能夠馬上拿起來閱讀的書。

我希望寫一本書，讓人更聰明、更博學，並且更具備行動力。

這本書中的句子，可以在酒吧或是餐桌上聊天時引用，甚至在國會殿堂中引用也行。

這是一種新類型的書，給想造成改變的人來閱讀。

這是一本簡潔有力的手冊，讓你具備採取行動、拯救地球所需要的知識與見解。

＊　　＊　　＊

這不是一本直線式的書。

你不需要從頭開始讀到尾。

每一章都可以獨立閱讀。

可以從和自己最相關的章節開始讀起。

這本書架構的靈感來自於《孫子兵法》，如同那本書一樣，全書都由簡短的文句組成，每個句子都有意義。

為了拯救地球、拯救人類，我們需要採取緊急手段，需要和社會的每個層面聯繫起來，共同對抗氣候變遷與環境破壞。

每個對於事實的陳述，都有許多重要的參考資料支持，這些資料完整的列在本書的最後，供讀者檢驗我的陳述是否正確。

我希望每個人都能讀這本書，因為我誠摯希望我們能夠為全人類打造一個更為美好、安全與健康的星球。

INTRODUCTION
引言

我們身處危機邊緣，
地球的未來就在我們的手中。

在二十世紀後半葉，人類的創造力與合作帶來了前所未有的和平、財富與個人自由。

而上述種種成功的制度與典範，完全跟不上現在快速變動的世界。

環境壓力增大、氣候變遷、越來越快的技術改變、社會不平等的現象越來越嚴重，這些都超出了政府與社會的應對能力。

我們進入了一個新的地理年代：人類世（Anthropo-cene）。

人類現在有改變地球地理環境的強大力量，能夠改變氣候和環境，速度遠遠超過於大陸的移動，以及冰河時代的交替。

氣候變遷是人類所面對過的最大威脅。

我們進入了一個新的
地理年代：人類世
（Anthropocene）。

氣候變遷是
人類所面對過的
最大威脅。

拒絕承認氣候變遷的聲音依然鼓譟，並且麻痺了社會中所有領域。

這種否認出自於人類的情緒，我們可以處理這種視而不見的狀況。

知識就是力量。

知識是能夠改變世界的力量。

對於二十一世紀，我們需要發展出新的思考模式，以合作與創意，面對那些挑戰。

對於人類的未來，以及我們要留給後代子孫的世界，這本書有著簡潔有力、毫無爭議的訊息。

沒有閒話，只陳述事實。

需要每個人都採取明確的行動。

在二十一世紀，我們要為了自己去拯救地球。

地球的歷史

從歷史能夠看到我們的未來。

宇宙有 138 億歲。[1]

宇宙始於大霹靂（Big Bang），宇宙中所有的物質在此時誕生，並且向外膨脹。[2,3]

膨脹了 38 萬年後，宇宙的溫度下降，新的物質出現，這時帶有正電荷的質子，捕捉了帶有負電荷的電子，形成氫原子。[4]

當時在這團擴張的氣體中，還沒有星系、恆星、行星、人類與生命。

在這個宇宙中，普通物質和能量占了 5%，暗物質占了 27%，其餘 68% 是暗能量。

重力把不規則的氣體雲拉在一起，形成了後來變為星系的團塊。[5]

在每個星系中，重力把物質拉在一起，形成了許許多多的恆星。[6]

每個恆星中，強大的重力壓力讓氫原子彼此碰撞擠壓，產生了氦，在這個過程中釋放出巨大的能量，讓我們在夜空中看到的恆星閃耀。[7]

每個恆星持續燃燒，氫與氦會持續碰撞擠壓，產生更重的元素，例如碳。[8]

比較重的元素碰撞融合產生下面這些元素：鋰、鈹、硼、碳、氮、氧、氟、氖、鈉、鎂、鋁、矽、磷、硫、氯、氬、鉀、鈣、鈧、鈦、釩、鉻、錳和鐵。[8]

週期表上從氫到鐵的元素，是組成行星的元素。[9]

元素表上比鐵重的元素，在形成的時候需要許多能量，並非在一般的恆星中形成，而是在大型恆星（太陽的10 到 25 倍）爆炸成為超新星時形成的。[10]

人類是由星星的塵埃所組成。

我們所處的太陽系是巨大的星際氣體在 45 億 6800 萬年前因為重力塌縮而形成。[11]

太陽系中 99.86% 的質量在太陽中，剩下的質量有 90% 在木星和土星。[12]

人類所居住的地球距離太陽 1 億 4960 萬公里，這是適當的距離（不會太熱也不會太冷），讓星球表面能夠有液態水。[13]

地球上有足夠的水和碳以支持生命活動。[14]

月球距離地球很近，有如地球的陀螺儀，能夠幫助地球穩定的旋轉。[15]

地球上最早出現的生命形式是細菌，約在 40 億 2800 萬年前到 37 億 7000 萬年前出現。[16]

人類的 DNA 有 37% 來自於細菌。[17]

比較複雜的「真核」細胞，具有細胞核和其他細胞內部的構造，在 21 億年前到 16 億年前出現。[18]

人類身體中所有的 DNA 有 28% 來自於那些早期真核生物。[17]

更複雜的生命花了 10 億年演化，到 6 億年前才出現。[19]

人類的 DNA 有 37%
來自於細菌。

現在所見到各式各樣的主要動物類群,牠們是 5 億 4100 萬年前寒武紀大爆發之後才迅速出現的。[20]

你的 DNA 有 16% 來自於那些奇特怪異的生物,牠們是在古代熱帶地區的淺海中演化出來的。[17]

脊椎動物起源於 5 億 2500 萬年前。人類的遠祖中最早有脊椎骨的,是一種生活在海底的濾食動物,牠們在古代熱帶淺海底下過濾泥巴中的食物。[21]

你的 DNA 有 13% 來自於那些像是蟲的早期脊椎動物。[17]

最早的哺乳動物出現於 2 億 2500 萬年前,當時是侏儸紀末期。[22]

哺乳動物的定義是雌性個體有產生乳汁的乳腺、具有毛髮、內耳中有三塊聽骨,以及腦中具有新皮質(neocortex)。[23]

腦中的新皮質掌控了比較高級的功能,例如接受感官、產生運動指令與空間認知。人類的新皮質讓我們具有意識和語言。[24]

恐龍主宰了地球 1 億 7000 萬年，在這段期間，人類的祖先（有如齧齒類的夜行性動物，體重只有兩公克）生活在恐龍的陰影下。[25]

非飛行恐龍主宰的時代在 6600 萬年前結束了，起因是隕石撞擊地球，以及隨後發生的長時間氣候變遷讓這些恐龍滅絕。[26]

整個印度次大陸的火山爆發，持續了將近 100 萬年，把數十億公噸二氧化碳噴入大氣中，使得地球溫度上升，造成了第一次恐龍滅絕。

對恐龍的最後一擊來自於撞擊中美地區的隕石，那次事件摧毀了地球表面，使得大批植物消失。[26]

人類的哺乳動物祖先靠吃昆蟲與水中植物活了下來。現在許多人具有幾丁質酶（chitinase）這種酵素，能夠消化昆蟲。[27]

哺乳動物持續演化，填補了恐龍消失後所留下的生態區位。[28]

真靈長類和社會性猴類在 5500 萬年前演化出來，當時全球氣候超級暖，稱為「古新世—始新世氣候最暖期」（thePalaeocene– Eocene Thermal Maximum）。[29]

在大型群體中生活，代表個體必須掌握複雜的情誼、階級與敵對關係，就如同人類現在身處的社會。[30]

你的 DNA 有 6% 來自於最早的靈長類動物。[17]

在 1000 萬年前到 500 萬年前，人類的祖先演化出能夠有效用雙足直立步行的能力。[31-33]

人類直立步行的祖先大約在 330 萬年前開始使用石器。[34]

180 萬年前，非洲的氣候快速變化，推動了人族物種的演化，其中包括了直立人（Homo erectus），他們的腦部比之前祖先大了八成。[35]

直立人是人族祖先中最早從非洲散播到亞洲、歐洲與澳大拉西亞地區的。[36]

和直立人比較大的腦部一起出現的，是生活歷程中的重大改變：

每一胎的間隔比較短，
幼兒的發育比較慢，
盆骨的形狀適於頭較大的胎兒出生，
肩膀部位的型態改變得可投擲物品，
適應長途奔跑，

以及社會行為。[37-43]

180 萬年前到 100 萬年前，人類的祖先開始利用火。[44]

智人（Homo sapiens）這個物種最早在 30 萬年前在非洲東部出現，並且散播到歐亞大陸。[45]

15 萬年前，出現了最早使用符號的證據：在貝殼上有刻痕與赭石彩繪，以及貝殼串。[46]

6 萬年前，智人 2.0（也就是現代人類）在非洲東部出現，從他們留下的藝術品、裝飾品和與符號相關的行為，代表了他們具有創造性思考。[47]

隨著知識代代相傳，創造性思考會越來越複雜、越來越頻繁。[48]

現代人類散播到全球各大陸上。[49]

文化累積使得知識分量代代增加。[50]

這個過程越來越快，使得人類成為頂級掠食者，並且掌控整個星球。[51]

現在，我們正在造成
全球氣候變遷。

非洲的氣候變遷造就了現代人類。[23]

現在，我們正在引發出全球氣候變遷。[51]

氣候變遷的威脅正在毀滅人類。[51]

我們需要用上所有演化得來的能力，拯救自己與地球。

人類的歷史

歷史教給了我們不想學習到的教訓，
但是人類必須學習，才能活過這個世紀。

一開始，人類在非洲演化出來，接著散播到世界各地。[1]

▶ 狩獵——採集

智人 2.0 散播到全球。[1]

從非洲散播到歐洲、亞洲與大洋洲。[1]

1 萬 2000 年前，人類跨過白令海，抵達美洲。[2]

在上次冰河時期末，除了南極洲之外，人類已經抵達各主要陸塊。[3]

人類每抵達新的大陸，就會屠殺當地的大型哺乳動物群（megafauna）。[4]

到了 1 萬年前，人類已經造成 4% 哺乳動物物種滅絕。[4]

各大陸大型哺乳動物物種消失的比例：非洲：18%，歐亞大陸：36%，北美洲：72%，南美洲：83%，澳洲：88%。[4]

這些屠殺是由不到千萬個人類造成的。[5]

這些證據坐實了人類是世界頂級掠食者的說法。[6]

人類如果在休息狀態，每天需要經由進食取得 120 瓦的能量，相當於點亮兩個舊式的電燈泡。[7]

人類的狩獵－採集者祖先需要的能量相當於點亮六個電燈泡，也就是每天 300 瓦，以取得與處理食物，還有生火。[7]

▶ 農業生活

最近一次冰河時期結束，以及大型哺乳動物的滅絕，促使人類馴化動物和栽植植物。[8]

農業至少在全球各地 14 個區域各自出現。[9]

1 萬 500 年前，農業出現於亞洲西南部、南美洲和東亞中部。[9]
7000 年前農業出現在中國黃河與長江流域，以及中美洲。[9]
5000 年前，農業出現於非洲莽原地區、印度、東南亞，以及北美洲。[9]

早期的農耕者經由農耕，每天能夠產出 2000 瓦能量，相當於點亮 30 多個電燈的能量，掀起了第一次能量革命（energy revolution）。[7]

農耕者散布到全世界，把狩獵－採集者逼到不適合農耕的邊緣地區。[8]

人類開始居住在鄉村、小鎮和大城中。

和飼養的動物住得近，造成了新的傳染性疾病。[10]

25 種主要的人類疾病可以分成兩大類：熱帶疾病和溫帶疾病。[10]

主要 10 種熱帶傳染有：南美錐蟲病、霍亂、出血性登革熱、非洲昏睡病、瘧疾、黃熱病、愛滋病、利什曼病。[10]

這些疾病通常由昆蟲傳播，引發的症狀可以持續數個月到數十年，是數百萬年來和非洲的人類一起演化出來的。[10]

15 種主要的溫帶傳染病包括：B 型肝炎、A 型流感、麻疹、腮腺炎、百日咳、鼠疫、A 型輪狀病毒、德國麻疹、天花、淋病、白喉、破傷風、結核病、傷寒、斑疹傷寒。[10]

最近出現的溫帶疾病有亞洲流感（1956 年）、SARS（2002 年）、H7N9（2013）和新冠肺炎（2019/20）。

這些疾病感染後不是致人於死，就是讓人產生持久的免疫力。[10]

這些疾病在人口密度高時會造成大流行。[10]

早期農業很成功，使得每座大陸上都有帝國興起與沒落。[8]

因為開闢農地而砍伐森林，促使二氧化碳釋放到大氣中。[11]

早期農耕者使得大氣中的二氧化碳濃度增加，7000 年前為 260ppm（百萬分之一），到了 18 世紀工業革命開始時為 280ppm。[11]

每年增加 0.003 ppm。[11]

水稻耕作和牛羊等反芻類牲畜釋放了大量甲烷。[12]

早期農耕者使得大氣中的甲烷濃度增加，5000 年前為 580 ppb（十億分之一），到了工業革命開始時為 720ppb。[12]

每年增加 0.03 ppb。[12]

早期農耕者使得大氣中這兩種溫室氣體的濃度提高到足以阻止下一次冰河時期來臨。[13]

到了 16 世紀，人類數量增加到 4 億 2500 到 5 億 4000 萬之間。[14]

▶ 商業資本主義

歐洲的地理特性使得當地有許多小的獨立王國，彼此持續征戰。[8]

歐洲內部強烈的競爭與敵意，驅使歐洲人找尋新的土地進行殖民。[8]

1492 年，哥倫布在巴哈馬登陸，歐洲人首度接觸到美洲人。[15]

之後在百年內，美洲有 5600 萬原住民死亡。[16]

在百年內，美洲有
5600 萬原住民死亡。

原住民有九成死亡，相當於當時全球人口的一成。[16]

這個「大死亡」（Great Dying）事件是以全球人口比例來說，最大的人類死亡事件。

只有在第二次世界大戰中身亡的人數超過該事件。

美洲原住民從未接觸過歐亞大陸的病原體，對於流感、天花與麻疹也沒有天然的免疫力。[17-19]

戰爭、饑荒和殖民政府的暴行，讓屠殺事件得以完成。[20,21]

歐洲人抵達美洲，開啟了全球貿易途徑。[22]

來自歐洲的貨物，例如衣物、紅銅，用來到非洲購買奴隸。[22]

來自非洲的奴隸運到美國，用於生產棉花與「藥物作物」（例如糖和菸草），再賣到歐洲去。[22]

美洲原住民有九成死
亡，相當於當時全球
人口的一成。

墨西哥和波利維亞的銀出口到西班牙所掌控的馬尼拉，用來和中國換取絲綢、瓷器和其他奢侈品，到歐洲販售。[22]

因此各大陸之間的人、植物與動物開始混合，到今日依然持續。[22]

美洲得到了：小麥、稻米、糖、香蕉、馬、豬、水牛、綿羊、雞、流行病和奴隸。[22]

歐亞大陸得到了：玉米、木薯、馬鈴薯、甘藷、扁豆、花生、南瓜、番茄、辣椒、酪梨、鳳梨、可可、菸草。[22]

歐洲人的擴張也激發了科學的復興。[23]

1543 年，哥白尼在《天體運行論》（*On the Revolutions of the Celestial Spheres*）中指出，地球繞著太陽運轉。

1620 年，培根在《新工具論》（*The New Instrument of Science*）中說「知識就是力量」。

1687 年，牛頓出版了《自然哲學的數學原理》。

商業資本主義建立於海外財富的掠奪,並且使得掌權菁英彼此競爭,導致了剝奪殖民國家資產的情況越來越嚴重。[24]

1000 萬民奴隸運到了美國,為的是生產外銷用的農作物與在銀礦中工作。[25]

第一批全球貿易巨擘從此誕生。[26]

荷蘭東印度公司在現今的印尼殖民,到了 1669 年,擁有 150 艘商船、40 艘軍艦、5 萬民員工和 1 萬民私人軍隊。[27]

英國東印度公司在現今的印度、孟加拉和巴基斯坦殖民,1803 年的全盛時期,該公司的私人軍隊多達 26 萬人,是英國陸軍人數的兩倍。[28]

這些公司控制了世界各個區域,能夠弭平叛亂、囚禁犯人和處決人犯,基本上為了獲利,他們會做任何自己認為可以接受的事。[26]

▶ 工業資本主義

18 世紀下半葉，在英國發生了工業革命。[29]

之後 50 年間，革命散播到整個歐洲、北美洲和日本，直至今日，依然持續。[29]

這場革命的成因如下：

在 16 到 18 世紀，英國人口大幅成長，原因是英國的農業生產力提高，並且從殖民地進口了食物。[30]
城市勞工階級人口增加，需要在土地上從事農牧的人減少。[30]
在英國領土中沒有貿易障礙限制商業活動。[3]
英國本土蘊藏大量煤礦，能夠取代依靠水力或燃燒木材取得動力的磨坊和工廠。[30]
英國擴張殖民地的活動，造就了許多富裕的資本階級。[30]
英國的君主立憲制度，加上國家對於執行法律與保護個人財產有力，使得願意冒險的投資者拿出錢來資助能夠獲得利潤的科技發明。[3]

在維多利亞時代，富豪資助科學研究的程度前所未見，在各個領域都有新發現與發明，包括了新的藥物和演化理論，以及照相技術與鐵路。[30]

1804 年，全世界人口首度達到 10 億人。[31]

123 年後的 1927 年，人口倍增，成為 20 億人。[31]

人口成長的原因是經由衛生所施予提供乾淨的飲水，使得傳染病受到控制。[30]

1870 年起，第二次工業革命興起，歸功於鐵路系統與電報系統的擴張，大規模製造鋼鐵，利用蒸氣與石油，以及開始使用電力。[30]

工業革命造成了汙染時代，廢棄物排入了河流湖泊、土壤海洋，以及大氣之中。[32]

工業時代開始時，大氣中的二氧化碳濃度為 280ppm（百萬分之一），到了第二次世界大戰開始時增加至 310ppm。[33]

每年增加 0.3ppm，增加速度是之前 5000 年的百倍。[33]

在工業革命末期，每個人每天使用了 6000 瓦能量，相當於 100 多個電燈泡。[7]

1804 年，全世界人口
首度達到 10 億人。

123 年後的 1927 年，
人口倍增，
成為 20 億人。

▶ 消費資本主義

工業革命不只提供了新的生產技術，也提供了更具效率的殺人方式。[34]

第一次世界大戰（1914-1918 年）是歷史上造成死傷最嚴重的事件之一，有 1700 萬人死亡，2000 多萬人受傷。[35]

當時認為第一次世界大戰是「結束所有戰爭的戰爭」。[36]

不過在 21 年後，歐洲成為引爆第二次世界大戰的中心。這場大戰中有 5000 萬人到 8000 萬人遭到殺害。[35]

第二次世界大戰末，同盟國主要國家（美國、英國、蘇聯、中國）首領集會，商討建立新的世界秩序。[35]

1944 年，敦巴頓橡樹會議（Dumbarton Oaks Conference）在美國華盛頓特區召開，為 1945 年的《聯合國憲章》與聯合國安全理事會建立了基礎。[35]

1944 年，44 個同盟國在美國新罕普夏的布列敦森林（Bretton Woods）集會，同意本國貨幣與美元的匯率維持固定，美元價格匯率與黃金價格維持固定。[35]

布列敦森林會議促成了國際貨幣基金，這個基金會借錢給其他國家，幫助維持匯率和全球經濟穩定。[35]

新的全球財政架構從此誕生。[35]

美國成為全世界最強大的國家，利用軟實力推廣本國的文化價值，包括大眾消費主義（mass consumerism），這種主義對於環境的破壞也越來越大。[37]

關稅暨貿易總協定（GATT）在 1948 年生效，加強了全球貿易自由化的腳步。[38]

「劇烈加速時代」（Great Acceleration）來臨。[39]

從 1948 年到 2005 年，世界貿易額每年增加 6%，之後關稅暨貿易總協定由世界貿易組織（WTO）取代。[38]

西方與蘇維埃集團之間的冷戰，造成了經濟軍備競賽的工業化，速度非常快、影響層面深遠。[40]

這個狀況導致了雙方在科學的投資達到了空前未有的地步，都希望能夠藉此取得競爭優勢。[40]

1950 年，
全球人口為 25 億。

1986 年，西方與蘇維埃集團的冷戰達到高峰，形成了「保證互相毀滅」的狀態，有 6 萬 9368 枚核子武器布署待用。[41]

科學發明現在威脅到了人類文明。

發明出新的醫藥、改善生活狀態，以及農業綠色革命，使得嬰兒死亡率下降，食物產量提高。[42]

1950 年，全球人口為 25 億。[43]

2020 年，全球人口為 78 億。[43]

70 年間增加了 50 億人。[43]

在這個「劇烈加速時代」中，持續增長的人口所使用的能量激增。[42]

2020 年，
全球人口為 78 億。

現在美國每個人每天平均使用了 1 萬瓦能量，好讓車子跑、家庭和辦公室有電、生活其他事務能夠進行。1 萬瓦能量能點亮 160 個舊式電燈泡，人類狩獵－採集祖先每天只用了 6 個電燈泡的能量。[7]

現在，全人類每天直接用到的能量是 17 兆瓦，相當於 2800 億個電燈泡。[44]

也相當於全世界一半的雨林行光合作用所捕捉到的能量。[7]

在 1980 年之前，政府會持續干預國際經濟系統，經濟衰退時會投資，經濟過熱時會調節。[45]

1980 年代後，隨著共產主義沒落，新自由主義成為主導西方世界政府政策的經濟理論。[45]

減少政府干預、法規與控制，增加個人自由與全球貿易，給予社會中的窮人支援減少了。[45]

到了 2008 年，政府已經從全球經濟系統中排除了。[45]

現在，全人類每天直接
用到的能量是 17 兆瓦，
相當於 2800 億個
電燈泡。

2020 年，許多政府因為保護人們免於新冠肺炎的感染而關閉經濟系統。[46]

第二次世界大戰期間，大氣中二氧化碳濃度是 310 ppm，到了 2020 年增加為 412 ppm。[33]

每年增加 1.3 ppm，增基的速度是之前百年的四倍，是最近 5000 年的 400 倍。[33]

地球的現況

人類是改變地質的新超級力量。
我們現在可以控制環境以及地球生命的演化。

在地球 45 億年的歷史中，首度有一個物種能夠支配自己的命運，這個物種是人類。[1]

人類對於地球環境的影響，已經強烈到如巨大隕石、超級火山爆發，或是大陸板塊的運動。[1]

人類是改變地質的新超級力量，已經讓地球進入了新的地質年代：人類世。[1]

人類製造出來的水泥，已經足以覆蓋整個地球兩公分厚。[2]

每年人類搬運的泥土、岩石與沉積物，已經超過所有自然搬運過程的總和。[3]

人類創造了 17 萬種類似礦物的合成物，例如各種橡膠、水泥、鋼鐵、陶器，以及其他許多藥物。（「天然」礦物約有 5000 種。）[4]

現在有 14 億輛車子、20 億台個人電腦，手機的數量要比全人類還多。[5]

每年人類搬運的泥土、
岩石與沉積物，
已經超過所有自然搬運
過程的總和。

樂高小人加起來的數量
要比全世界人類總數
還要多。

人類每年製造 3 億公噸塑膠，[6] 相當於 10 億頭非洲象或是全人類的重量。

地球上每個海洋都有塑膠垃圾的蹤跡，在 1 萬 984 公尺深的馬里亞納海溝曾發現一個塑膠袋。[7]

樂高小人加起來的數量要比全世界人類總數還要多。[8]

工廠和農場從空氣中得到的氮，比所有自然固氮過程的總和還要多。上次地球生化氮循環受到如此嚴重破壞的時候，是 20 億年前大氣中氧氣濃度開始升高時。[9]

你是現在地球上 78 億人中的一分子。[10]

在有文明之後，人類已經砍下了 3 兆棵樹，是全世界的一半。[11]

現在全世界哺乳動物的重量中，有 30% 來自人類，67% 來自牲畜，只有 3% 來自野生動物。

1 萬年前，野生動物占了 99.95%。[12]

最近 400 年中，已經確認有 784 個物種滅絕。

人類每年從海洋中撈捕 8000 萬公噸的魚，另外飼養的魚也有 8000 萬公噸。[13]

農地每年產出 49 億隻牲畜，以及 49 億噸五大主要農作物：甘蔗、玉米、稻米、小麥、馬鈴薯。[14]

從公元 1500 起，人類記錄到有 784 個物種滅絕，其中包括 79 種哺乳類動物、129 種鳥類、34 種兩生類、81 種魚類、359 種無脊椎動物，以及 86 種植物。[15]

人類的工業、農業與土地利用方式的改變，使得從 18 世紀工業革命以來，大氣中的二氧化碳增加了 47%，甲烷增加了 250%。[16,17]

自從工業革命以來，人類把 2 兆 2000 億公噸的二氧化碳排放到大氣中，相當於 20 座中國萬里長城的重量。[18]

「人類製造」的二氧化碳中，25% 來自於美國。[19]

那些額外的二氧化碳，22% 來自於歐盟國家。[19]

來自於非洲的不到 5%。[19]

人類將額外的溫室氣體
排放到大氣中，
使得地球的溫度增高了
攝氏 1 度。

現在大氣中的二氧化碳濃度是近 300 萬年中的最高峰。[20]

溫室氣體是地球氣候系統原本的一部分。[21]

溫室氣體會吸收一些地球表面散發出的熱輻射,再釋放出來,使得大氣層底部的溫度增加。[21]

在大氣中,最多而效用也最強的溫室氣體,依照影響程度的排名為:水蒸氣、二氧化碳、甲烷、氧化亞氮、氟氯碳化合物(CFC)。[21]

如果大氣中沒有溫室氣體,地球表面的平均溫度將會是攝氏零下 20 度。[21]

不過人類將額外的溫室氣體排放到大氣中,使得地球的溫度從 20 世紀初到現在,增高了攝氏 1 度,海平面也增高了 20 公分。[21]

大氣中二氧化碳濃度增加,使得海洋酸化,干擾了海洋生命。[22]

海洋溫度增加,使得溶氧量減少了超過 2%,海洋生物需要氧氣。[23]

氣候變遷的科學有超過 180 年的歷史。[24]

氣候變遷的證據是明確紮實的。[25]

150 年來，太陽黑子活動和火山爆發等自然事件，的確影響了氣候變遷的模式，但是整個暖化的趨勢肇因於人類排放的溫室氣體。[25]

目前觀察到地球氣候明顯的變化如下：

全世界陸地的溫度升高，[26]
海洋溫度上升，[27]
世界各地海平面上升，[28]
北半球降雪減少，[29]
北極冰層縮減，[30]
各大陸的冰河都縮減，[31]
格陵蘭冰帽縮減，[32]
南極冰層融化，[33]
永凍土層融化，[34]
春季植物生長的時間提早，[35]
候鳥遷徙模式改變，[36]
有些植物和動物的地理分布改變。[37]

這些都和全球氣候變遷同時發生。[25]

氣候變遷的科學有超過
180 年的歷史。

氣候變遷的證據是
明確紮實的。

氣候模式發生變化，世界各地極端氣候事件增加，包括了：[25]

超級颱風，[38]
巨大洪水，[39,40]
嚴重乾旱，[41]
前所未有的熱浪，[42]
無法控制的野火。[43]

在 1880 年到 2020 年之間，氣溫最高的 19 年都是在最近的 20 年中。[44]

2016 年是紀錄中氣溫最高的一年。[44]

2019 年是紀錄中氣溫次高的一年。[44]

對於現在我們所面對的麻煩中，每個人的責任並不是都相等的。

世界上的人中，最富有的 10% 釋放了 50% 含碳汙染物到大氣中。[45]

世界上的人中，最富有的 50% 釋放了 90% 含碳汙染物到大氣中。[45]

最窮的 39 億人釋放到大氣中的含碳廢物只占了 10%。[45]

世界上的人中，最富有
的 50% 釋放了 90%
含碳汙染物到大氣中。

最窮的 39 億人釋放到
大氣中的含碳廢物
只占了 10%。

有 7 億 8000 萬人每天能使用到的錢不到 1.90 美元。[46]

那些人有一半居住在印度、奈及利亞、剛果共和國、衣索比亞與孟加拉。[46]

45 億人口每天生活費少於 10 美元。[46]

開發中國家的窮人，收入中高達八成花在購買食物上。[47]

美國人的收入中，在食物上的花費不到一成。[48]

全世界的食物中，有 75% 來自於僅僅 12 種植物和 5 種動物：[49]

植物部分：木薯、穀物、玉米、大蕉、馬鈴薯、水稻、高粱、黃豆、甘蔗、甘藷、小麥、薯蕷。[49]

動物部分：牛、豬、雞、山羊、綿羊。[49]

我們生產的食物足夠給 110 億人吃。[50]

現在全世界有 78 億人。[10]

每年有 700 萬名兒童死於飢餓與可避免的疾病。[51]

有 8 億 2500 萬人沒有辦法取得足夠的食物，五年前為 8 億人。[47]

美國人一天浪費了相當於 141 兆大卡的食物，相當於每年浪費了 1650 億大卡的食物，是非洲每年進口食物量的四倍。[52]

全世界中，10 座農場中有 9 座是家庭經營的小型農場，他們提供了全世界八成的食物。[53]

全世界的人口中，有三成務農，是最大的單一種類從業人員。[54]

全世界將近有八分之一的人（將近 10 億人）生活中沒有電力。[55]

這就是地球的現狀。

在這個世紀，我們要把這些問題解決。

否定氣候變遷的
假訊息

連諸神都難以撕下自私者的偽善面具。

了解面對的敵人。

反擊敵人的論點。

讓敵人變成盟友，或讓他們變得無足輕重

化石燃料工業、政治遊說團體、媒體大亨與個人，在近 30 年來努力讓人懷疑氣候變遷的真實性，他們說根本沒有氣候變遷這回事。

世界五大上市石油與天然氣公司，每年大約花兩億美元在遊說活動上，以控制、拖延或阻礙具有約束力的氣候政策。[1]

忽略這個星球以及人類所要面對的環境危機，並不會讓危機消失。到頭來危機會更嚴重，化解危機所要付出的代價更高。[2]

在缺乏作為上，政治家難辭其咎。在政治的所有範疇中，都有化解氣候變遷危機的解決方案。

地球並不在意你的黨派，或是投票給哪位候選人，只在意是否採取行動。

要注意四種類型的否認態度

▶ 科學否認

下雪的時候，否認氣候變遷的人就會說沒有氣候變遷這回事。

氣候變遷不會阻止冬天來臨，但是可能會讓冬天變得比較暖、降水增加，同時提高風暴頻率。[3]

否認者會說，氣候變遷只是自然循環變化的一部分，氣候一直持續變化。

這是非常嚴重的誤導。

近 2000 年來，只有最近 150 年中，全世界各地的氣候都產生了變化，不但是同時產生，而且變化的方向相同，地球表面有 98% 的區域都變暖了。[4]

完全不自然。

否認者說極端氣候事件只是正常氣候狀況而已。

科學歸納出近 5 年中 113 項極端事件中，可能肇因於

氣候變遷的高達 70%，沒有那麼可能的占 26%。與氣候變遷無關的只有 4%。[5]

否認者說，氣候變遷是太陽黑子或是銀河宇宙射線（GCR）造成的。

這種說法完全沒有科學證據。

太陽黑子的活動不會使得太陽傳到地球上的能量增加。[6]

銀河宇宙射線對氣候不會造成影響。[7]

否認者會說，二氧化碳只占了大氣一小部分，不會造成巨大的暖化效果。

這兩種說法都是錯誤而且沒有科學根據的。

150 年來，科學家在實驗室與大氣中，測量二氧化碳吸收熱的能力。[8]

並不是因為量少就代表產生的效應低。0.1 公克的氰化物就能夠致人於死，只需約體重的 0.0001%。[9]

二氧化碳是強大的溫室氣體，雖然只占了大氣成分的 0.04%。大氣中氮占了 78%，但是幾乎不會產生反應。比例並不重要，能造成的效應才重要。[10]

否認者會說科學家玩弄所有數據，讓數據看起來有暖化的趨勢。

這不是真的，而且玩弄數據既不可行又不可能，得要超過百國的無數科學家共同密謀才成。[11]

否認者說，氣候模型不可靠，對於二氧化碳太敏感。

這個說法沒有證據。

沒有哪個模型可以說是正確的，所有模型都代表了一個非常複雜的全球天氣系統，但是從 1970 年代起建立的各模型集合起來，能夠確實的預測到最近百年溫度急遽上升了攝氏 1 度。[12]

▶ **經濟否認**

否認者會說處理氣候變遷所要付出的代價太高。

這是錯誤的。

全世界的經濟每年平均成長 3.5%，光是 2020 年就多增加了 88 兆美元。[13]

經濟學家認為，我們現在花費全球生產毛額的 1%，就能夠解決氣候變遷問題。[2]

如果把因為改善人類健康，以及拓展全球綠色經濟得到的好處算進來，成本還能更低。[14]

如果我們現在不採取行動，到了 2050 年，要付出的代價是全球生產毛額的 20%。[2]

氣候變遷造成的代價太高，必須得加以阻止。[2]

目前化石燃料工業收到的補助為 5 兆 2000 億美元。[15]

最大的補助者為中國（1 兆 4000 億美元）、美國（6490 億美元）、俄羅斯（5510 億美元）、歐盟（2890 億美元）、印度（2090 億美元）。[15]

這個金額是全世界生產毛額的 6%。[15]

想像一下那麼多錢能夠所的好事有多少。

到了 2050 年，因為氣候變遷要付出的代價是全球生產毛額的 20%。

▶ 有利於人類而否認

你會聽到否認者說氣候變遷有利於人類。

這是錯誤的。

否認者說溫帶地區的夏天更長更暖，能夠增加農業生產力。

極端氣候造成的影響，例如旱季延長、超級洪水和熱浪頻率增加，足以抵銷那些微的利益。[16-19]

2010 年，莫斯科熱浪毀了俄羅斯的小麥收成，使得全球食物價格大幅上漲。[20,21]

否認者說大氣中的二氧化氮是植物的肥料，越多越好。

這個效應雖然小但是測量得到。[22]

人類造成的二氧化碳汙染中，每年有四分之一由陸地生物圈所吸收。[23]

另外四分之一的二氧化碳汙染由海洋吸收。[24]

但是每年受到砍伐的森林面積相當於英國大小，完全壓過那些微小的肥料效應。[25]

否認者會說死於寒冷的人要多過死於熱浪的人，因此氣候變遷讓冬天變暖，其實是好事。

這是錯誤的。

在寒冷的時候有人容易死亡，是因為他們的住家不完善，並且沒有錢支付暖氣。是社會讓他們死亡，不是氣候。[26]

在美國，近 30 年死於熱浪的人是死於寒冷的人的四倍。[27]

熱浪會對人類的生理造成累積性的壓力，讓呼吸疾病、心血管疾病、糖尿病和腎臟病加重。[28]

人為造成的氣候變遷沒有任何正面效用。

▶ 政治否認

否認者會說，我們沒有辦法採取行動，是因為其他的國家沒有採取行動。

有些國家排放了更多溫室氣體，在造成目前氣候變遷中扮演的角色更重。[29]

多出來的二氧化碳中，西方國家的排放量占了一半，印度只占 3%。[29]

從溫室氣體的歷史排放量來看，已開發國家其實才是元凶。[30]

所有國家都要採取行動。

每個國家都必須要在 2050 年之前將碳排放降低為零，這樣才能避免溫度上升攝氏 2 度。如果我們進行得更快，可以讓溫度只上升攝氏 1.5 度。[31]

讓自己的國家更適合居住，是一種負擔嗎？

改用再生能源以及電動交通工具，能夠減少空氣汙染，增進人群健康。[32]

發展綠色經濟，能夠帶來經濟效益，並且創造工作機會。[33]

全球綠色經濟目前每年產值超過 10 兆美元。[33]

在美國，綠色經濟體系雇用了 950 萬人，是石化工業的 10 倍。[33]

改善環境、恢復森林，能夠防止極端氣候事件，並且確保食物與水資源的供應。[34]

處理氣候問題，能讓這個世界成為更安全、更健康，並且對每個人而言都更美好的地方。

做與不做之間：
可能的未來

濫用自然造成的後果比地獄還可怕。

▶ 惡夢── 2100 年

我們的子孫會恥於我們對待這個星球的方式。

如果我們現在袖手旁觀，下面將是地球 80 年後的樣子。

炎熱：

到 21 世紀末，全球溫度會上升攝氏 4 度。[1]

許多國家夏季的溫度會持續在攝氏 40 度以上。[2]

超過攝氏 50 度的熱浪會變得尋常。[2]

由於高溫高濕對於生理的影響，使得每年中有許多日子無法在戶外工作。[3]

到 21 世紀末，全球
溫度會上升攝氏 4 度。

每年夏天以下地區會發生野火：澳洲、阿根廷、巴西、美國加州、加拿大、中非、印尼、印度、蒙古、中國北部、南非、俄羅斯、非洲撒哈拉以南地區、美國德州、地中海周邊區域。[4]

野火會造成大量空氣汙染，並且危害人類健康。[5]

海洋溫度也會大幅提升，反覆發生的珊瑚白化事件讓大堡礁正式宣告死亡。[6,7]

乾旱：

地球上會有大片地區持續發生長時間乾旱。[8]

世界各地的沙漠會擴大，讓許多人流離失所。[9]

有 35 億人居住的區域中，所需要的水量遠大於能夠得到的水量。[10]

比起在 2020 年，處於這樣用水不足狀況的人多出了 15 億。[10]

由於降雨量減少，世界上有許多地方變得不適合耕種。[11]

乾燥地區增加使得塵土也增加，空氣汙染變得更嚴重。[9]

有 35 億人居住的區域中，所需要的水量遠大於能夠得到的水量。

冰：

每年夏天北極海不會有冰。[12]

由於缺乏海冰，北極海的溫度會增加攝氏 8 度。[1]

格陵蘭和北極西部冰層已經開始融化，讓大量淡水進入海洋。[13]

許多高山冰河已經完全融化了。[14]

現在有許多滑雪活動得在巨大的人造雪坡上進行。[15]

非洲最高峰、坦桑尼亞的吉力馬札羅山將不會有冰雪。[16]

海明威的短篇故事〈雪山盟〉(The Snows of Kiliman-jaro) 將會成為只存在於記憶中隨著時間消逝的故事，東非地區的氣候整個都變了。[16]

喜瑪拉雅高原絕大部分的冰雪會融化，使得印度河、恆河、布拉馬普特拉河和亞穆納河的水量減少，有 6 億人依靠這些河流供水。[17]

每年夏天北極海
不會有冰。

海平面：

受熱膨脹和冰層融化，使得海平面上升超過 1 公尺。[18]

許多大城市因為遭受洪水而無法居住，包括：

亞洲地區：達卡（現有居民 2030 萬人）、上海（1750 萬人）、香港（840 萬人）、大阪（520 萬人）。
北美洲：邁阿密（270 萬人）。
南美洲：里約（180 萬人）。
非洲：亞歷山大城（300 萬人）。
歐洲：海牙（250 萬人）。[19]

這些城市只是一部分而已，全世界有四成的人口居住在海岸線內 100 公里的距離內，將會受到海平面大幅提高的影響。[20]

馬爾地夫、馬紹爾群島、吐瓦魯和許多小島國，國土會被淹沒。[20]

海平面上升超過 1 公尺。

許多海岸與河岸地區經常會遭遇洪水,包括:尼羅河三角洲、萊茵河谷、奈及利亞、泰國、美國密西西比河流域、湄公河流域、默哈納迪河流域、戈達瓦里河流域、奎師那河流域。[20]

孟加拉有兩成國土會淹在水下。[21]

現在有一道長 13 公里的堤防,位於英國肯特郡和艾色克斯郡之間,以保護倫敦。[22]

許多城市就沒有那種設施了。

這只是剛開始而已。格陵蘭和北極西部的冰層已經無法恢復,在接下來的兩個世紀中,海平面會提高 15 公尺。[23]

孟加拉有兩成國土
會淹在水下。

風暴：

冬季風暴會更為強烈，帶來洪水，造成災害的面積會增加。[24]

颱風這樣的熱帶風暴會變得更強更多，每年有幾千萬人會受到影響。[25]

像 2013 年海燕颱風這樣的超級颱風會越來越常見，該颱風的持續風速高達每小時 200 公里。[26]

東南亞的季風會變得更強烈與多變，讓涵蓋的地區降水量不是太多就是太少，影響居住在當地的 30 億人。[27]

洪水：

降雨量隨著季節變化更為明顯，而且雨會下得更大。[1]

爆洪會成為絕大多數都會區所要面對的問題。[28]

由於海平面上升、風暴更為強烈，使得絕大多數海岸地區洪災的頻率增加。[18]

許多海岸地區與氾濫平原會因為無法讓居民免於洪災而不再能居住。[18]

海洋酸化：

海洋的酸鹼值現在下降到 pH 7.8，相當於海水中的氫離子數量增加了 125%，酸性增加了。[29]

由於海洋生物在比較酸的水中難以製造碳酸鈣外殼，許多海域中的海洋食物鏈崩潰。[30]

食物：

確保能夠得到足夠分量與營養的食物，成為重要的問題。[31]

熱帶地區和亞熱帶地區的高溫和高濕使得無法在戶外工作的天數增加為 10 倍，食物生產受到限制。[3]

夾在高溫熱帶地區與寒冷極區之間溫帶地區，由於極端氣候事件增加，糧食生產極度不穩定。[31]

以往的耕地中，有一半現在已經無法耕作，剩下的隨著季節而跟著變化無常。[31]

農作物產量是 20 世紀中期以來的新低點。[32]

海洋酸化與撈捕過度，使得魚群大減。[32]

由於農作物產量無法預期，糧食價格達到新高，全世界有一半的人太窮而買不起最基本的食物。[31]

飢荒遍地。[33]

人類健康：

無法得到足夠的食物和水，危害了數十億人的健康福祉。[34]

雖然醫學進步，但是因為結核病、瘧疾、霍亂、腹瀉、呼吸道疾病而死亡的人數，達到歷史高峰。[35]

極端氣候事件（熱浪、乾旱、風暴、洪水）奪走了許多性命，造成數百萬無家可歸的人，讓食物和水不足的情況更嚴重。[35]

新的流行病會出現，由於許多地區都有貧窮和身體衰弱的人，因此流行病會散播得更快。[36]

人口遷徙：

人們從熱帶地區和亞熱帶地區往溫帶地區遷徙。[37]

中美洲的人會穿過墨西哥往美國移動。[38]

非洲和中東的人會往歐洲遷徙。[39]

孟加拉的人會往印度遷徙。[40]

世界各地都會出現大規模人口移動。[37]

難民營、拘留所、暴力、社會不安、內亂、內戰、流行病爆發，占據了每天的新聞版面。[41]

* * *

如果我們什麼都不做，未來世界便是如此。

▶ 生態烏托邦：2100 年

我們受到後代讚揚，因為我們拯救了地球。

如果我們盡其所能完成所有事，到了 21 世紀末，世界就會變成生態烏托邦。

全球轉涼：

到了本世紀末，全球溫度只會升高攝氏 1.5 度。[42]

乾淨安全的再生能源取代了化石燃料。[43]

種植的樹木超過 1 兆株。[44]

空氣是工業革命以來最乾淨的。[42]

城市經過改造，具有完善的電力大眾運輸系統，以及許多生機盎然的開放綠色空間。[45]

建築物上都包覆著太陽能電池以產生電力。[46]

許多建築屋頂上栽種植物，讓城市降溫，更適合居住。[46]

時速超過 300 公里的高速鐵路把世界各地主要城市連接起來。[47]

大型又高效能的飛機在各大陸之間飛行，使用的是合成燃油。[48]

高科技讓線上虛擬會議幾乎像是真的一樣，並且成為常規，大幅減少商業旅行。[49]

21 世紀初的的流行病讓全球的飲食變得以植物食物為主，每個人的健康都改善了。[50]

絕大多數國家推行成年人最低工資政策，讓數 10 億人脫離貧窮。[51]

農業效率大幅提高，肉類生產量降低，有更多土地能夠恢復成原始狀態或森林。[31]

跨國組織可以將「半地球」（half-Earth）當成行動的基本方針，這樣能夠：

半個地球用來支持居住在這個星球上的 100 億人。[52]
半個地球用來支撐自然生物圈，以及人類所依賴的生態服務。[52]

最後，人們認為在技術上難以達成的核融合能源，終於克服了種種障礙，讓 22 世紀有用之不進的潔淨能源。[53]

＊　＊　＊

如果你希望世界成為這個模樣，請繼續讀下去。

種植的樹木
超過 1 兆株。

個人可以帶來改變

解決氣候變遷問題。

我們必須合作。

在歷史中，有許多個人改變了世界。

一個年輕女孩站在瑞典國會外抗議氣候變遷問題沒有解決。

一位黑人女性拒絕讓座給一名白人男性。

每個個人是催化劑，能讓其他人也要求改變。

下面是你能夠幫助改變世界的 15 個做法：

▶ (1) 談論氣候變遷

你能做的事情中，最先要做也最重要的，是和其他人提及氣候變遷的真相。

人類這個物種歷史中最艱鉅的挑戰，不應該屬於禁忌的話題。

每個個人是催化劑，能
讓其他人也要求改變。

解決這個問題，我們需要新的解決方案、新的社會架構和新的經濟體系。

談論氣候變遷，分享這本書中的概念，只要和親朋好友分享其中一個概念，就能夠讓對話持續下去。

▶ (2) 讓飲食中以植物食物為主。[2]

成為彈性素食主義者（flexitarian），飲食以植物食物為主，減少肉類和乳製品的比例。[3]

生產每個人標準的西方飲食分量，每天會釋放相當於 7.2 公斤的二氧化碳（所有的溫室氣體都轉換成二氧化碳當量，以便於比較）。[4]

奶蛋素飲食每天會釋放相當於 3.8 公斤二氧化碳。[4]

純素每天會釋放相當於 2.9 公斤二氧化碳。[4]

生產肉類，特別是牛肉，是砍伐熱帶森林的主要原因。減少食用肉類能夠保護環境，同時減少碳排放。[5]

飲食中的植物食物越多，你和你的家人就越健康。

肉類飲食每天會釋放相當於 7.2 公斤的二氧化碳。

奶蛋素飲食每天會釋放相當於 3.8 公斤二氧化碳。純素每天會釋放相當於 2.9 公斤二氧化碳。

飲食中的植物食物越多，你和你的家人就越健康。[5]

肉類，特別是高度加工肉類，和高血壓、心臟病、慢性阻塞性肺病、消化道癌症有關。[5]

食用在地與當季的食物，能減少運送食品的碳排放，並且支持了在地經濟。[5]

如果你還不是素食者，那麼目標就是成為素食者。[6]

試試看不含乳質的替代品。[7]

▶ (3) 改用再生能源[8]

簡單的改變可能不會要你多花錢。[9]

如果我們都改變，能源公司就能夠產生更多再生能源，好符合市場需求。

勸說自己的公司、宗教單位、所在地的政府機構、學校與健身房使用再生能源。[10]

▶ ⑷ 提高住家能量使用效率 [11]

讓家中的暖氣效率提高，以節省能源。

確保家中屋頂與牆壁的隔熱措施達到最高水準。[12]

確定家中窗戶與門關上的時候能夠密合，以避免溫度散失。[12]

把暖氣調低一度，用稍涼一點的水洗碗，減少家中的電器用品，裝設智慧型電表，利用高效能的 LED 燈取代傳統電燈泡。[11]

提高能源效率能夠省錢。[13]

如果你家中的暖氣系統需要更換，請確定至少要換成最有效率的燃氣鍋爐系統，但是更好的是也設置地板與空氣熱交換系統，能夠增高或降低溫度（在世界變熱時你會需要後者）。[12]

▶ ⑸ 少用車子 [14]

移動時，增加步行、騎自行車和搭乘大眾運輸工具的比例。[15]

這樣能夠讓身體結實健康。[16]

如果你偶爾需要用車,可以租電動車或油電混合車。[17]

如果你真的需要買一輛車,選擇最小、能源使用效率最
高的車款。如果負擔得起,買電動車或油電混合車。[18]

▶ ⑹ 不搭飛機 [19]

採取其他移動手段,例如火車。[20]

如果因為工作而得搭飛機,只在必要的路途上搭乘,而且
確保航空公司雇用了聲譽卓著的專家,讓碳排放抵銷。[21]

另一個是用「抵銷」的金額減少在家中或是工作場合的
碳排放。

許多機構現在決定要抵銷不可避免的碳排放,抵銷量是
估計排放量的 10 倍,並且會嚴密監控所選擇的抵銷計
畫,這樣能夠確保排放的二氧化碳都能夠移除。[21]

▶ ⑺ 退休金不投資化石燃料產業 [22]

要求自己的退休基金不要投資於化石燃料產業。

如果退休基金不聽，就把退休金改放到其他基金。

你的退休金會更安全並且獲利更豐厚。

▶ ⑻ 不要投資化石燃料產業 [23]

未來氣候變遷法律會深深影響化石燃料產業，這個產業將無法獲利。

「擱置資產」（stranded assets）將會困擾化石燃料公司。[23]

這些公司的市場價值是由名下油田、天然氣田與煤田中的化石燃料蘊藏量所決定的。如果因為氣候變遷而禁止化石燃料的鑽探與開採，那些資產就變得毫無價值。[24]

就長時間投資而言，化石燃料是不良標的。[24]

比起化石燃料公司，綠色公司的報酬率是兩倍。[25]

▶ ⑼ 重複使用／拒絕過度消費 [26]

你並不需要所有東西。

拋棄「消費對自己好」以及「東西越多越快樂」這些想法。

仔細想想，哪些東西是你需要的，以及自己要如何達到低碳永續的生活。

競相比較獲得哪些最新的流行玩意、車子與衣服，只會使得社會壓力增加。

不理會其他人買了哪些東西，會減少社會壓力，讓你更健康快樂。[27]

朋友、家人、工作與社區能夠讓你快樂。

消費者的力量很大，
經由選擇讓這種力量
發揮出來。

你需要快時尚產品嗎？

▶ ⑽ 減少使用的物品 [28]

要鼓勵周遭的人減少使用的物品。

消費者的力量很大，經由選擇讓這種力量發揮出來。[29]

你買的東西需要那麼多包裝嗎？

你需要快時尚產品嗎？

你需要塑膠瓶和免洗手搖杯嗎？

你需要大型休旅車或卡車嗎？

進行飲食計畫，減少食物浪費。

▶ ⑾ 盡量重複使用 [28]

購買樣式耐穿的衣服，這樣就會常穿。

自帶水壺與咖啡杯。

使用社區的資源回收系統，有些鄰居可能會想要使用你不想要或是需要的東西。

物品壞了先修理。

手機螢幕壞了送修、電池沒力就更換，而不是買新手機。

▶ (12) 盡可能回收使用 [30]

如果要讓經濟活動永續下去，必須要實行循環經濟（circular economy），竭盡所能重複利用各種材料，好減少消耗大量能源的製造過程，以及損害環境的原物料採取過程。[31]

把可回收的材料與混合物與不可回收的材料分開。[13]

如果有可能，把有機材料和廚餘製成堆肥，用於花園菜圃。[13]

盡力減少所使用的不可回收材料，不過這些材料依然可以燃燒而產生能源，也屬於循環經濟的一部分。[31]

如果當地政府與議會沒有認真看待資源回收與能源回收工作，就遊說或抗議，讓他們盡到服務社區的責任。[30]

▶ (13) 利用消費者選擇的權力 [32]

思考自己所使用物品的碳足跡。（運送所耗能量與環境影響，例如砍伐森林。）

購買與食用當地的時令食物，或試試看自己種。

支持照顧環境與永續經濟的公司。

▶ (14) 抗議 [33]

民眾的權力是貨真價實的。

氣候大罷課（School Climate Strikes）和反抗滅絕等抗議行動，讓世界各地的不同人群團結在一起，要求政府重視保護地球措施。[34,35]

抗議活動能夠產生影響，改變已經開始了。[36]

民眾的權力是
貨真價實的。

要求改變。

▶ (15) 投票 [37]

在民主國家中,可以經由投票選出新的政府。

要求政客說明面對氣候變遷的立場。

要求他們說明選舉資金從何處而來。

要求改變。

要求採取行動。

善用你的選票。

要求採取行動。

Chapter 7

企業的正面力量

我們沒有時間進行革命。

我們必須使用現有的系統馬上開始拯救地球。

世界百大公司每年得到的收益加總起來超過 15 兆美元。[1]

世界百大最有價值公司中超過一半位於美國（35 家）或中國（23 家）。[1]

商業控制了我們的生活：我們吃的東西、買的商品、看的內容，甚至投票選舉的人。[2]

企業的力量龐大無比，我們必須好好控制，讓世界變得更好。[3]

他們是我們改變世界的重要武器之一。[4]

下面的行動建議可以讓你幫助所在的公司與機構，讓他們幫助我們拯救地球。

▶ ⑴ 野心與願景

從上個世紀開始，商業就注重近利。[2]

公司需要比政府更靈活、行動速度更快，以設定經營方針。[3]

從事永續經濟，並且主動保護環境，對生意有利。[4]

主動應對並且阻止氣候變遷的公司，獲利要比拒絕揭露碳排放的公司高出 67%。[5]

微軟公司的科技部門經營方針是要在 2030 年之前把碳排放降到零以下。[6]

他們在 2050 年要達成的目標是要把公司在 1975 年成立以來，公司與供應鏈所釋放到大氣中的二氧化碳全部都移除。[6]

天空公司設定了媒體部門方針，要求他們與供應鏈在 2030 年前達到零碳排放。[7]

英國石油公司也宣稱要在 2050 年達成零碳排放，減少或抵消 4 億 1500 萬噸的碳排放。[8]

▶ (2) 開放與透明的貿易

在達到碳中和或是負碳排放的過程中，需要透明化，這
樣員工、顧客、消費者和管制當局能夠了解進展。[9]

鼓勵你工作的公司計算公司的碳足跡。
幫助你的公司計畫降低碳足跡。
鼓勵公司公開碳足跡以及降低碳足跡的計畫。
幫助你的公司執行計畫。
鼓勵公司公開成功與失敗之處。
主動在社群媒體上宣揚公司的成功之處。
讓公司反覆以上過程，直到碳排放降為零。[10]

這個程序也適用於其他的溫室氣體、水資源利用和其他
原物料的消費，記得那是你自己的公司。[11]

▶ ⑶ 設定減碳目標

對於減少碳排放和環境破壞來說，設定目標是必要的。[12]

確保你的公司在報告溫室氣體排放量目標時，符合歐洲和國際法規。[13]

確定公司設定的長期碳排放減量目標夠遠大，符合「科學基礎碳目標倡議」（Science-based targets initiative）。[13]

確定公司的報告符合氣候相關財務揭露工作小組（Task Force on Climate-Related Financial Disclo-sures）的要求。[14]

確定公司每年公布的環境稽核符合最嚴格的標準。[14]

建議公司設定碳排放的內部價格，以推動行為改變。[14]

讓公司的目標之一是成為「碳中和」（carbon neutral）公司。[10]

持續提高目標，成為「碳負排放」（carbon negative）公司。[10]

鼓勵你的公司計算從成立到今的碳足跡，最終目標是移除所有的碳汙染。[10]

▶ (4) 專注於能源

絕大部分的公司，溫室氣體排放的主要來源是使用能源。[15]

製造產品、公司行號的服務，工廠、倉庫和資料中心都需要能源才能運作。[15]

計算與監測公司的能源使用狀況。[16]

使用最高效的綠建築。[17]

選擇電力公司與電力購買合約，盡量使用更多的再生電力。[18]

盡可能在自家場所裝設再生能源設施。[18]

選用符合「來源保證」（Guarantee of Origin）和「國際再生能源憑證」（International Renewable Energy Certificates）的再生能源設施。[18]

改用「綠色氣體認證」（Green Gas Certificates）電力，
從這種電力網中得到一單位的綠色電力，就能夠取代一
單位的碳汙染電力。[19]

讓公司改用電動車。[20]

讓公司的卡車在短期內改用生物柴油，中期的目標是使
用電力。[21]

▶ (5) 採取循環經濟

傳統的經濟模式是「取得原料、製造商品、拋棄商
品」，這種模式倚靠的是大量且容易取得的廉價原料與
能源。[22]

我們已經面臨了這種商業模式的物理極限。[22]

循環經濟能夠減少資源的使用，讓產品與材料在使用期
間的價值發揮到最高。[23]

利用循環經濟，可以讓歐洲的經濟價值多增加 1 兆
8000 萬歐元。[24]

設計產品，讓產品的使用年限增加、能夠升級，並且使

用可以回收的材料來打造。[25]

規劃讓公司與生產產品所製造出來的廢棄物與汙染減少。[25]

讓產品和原料使用的年限增長。[25]

▶ (6) 員工的力量

積極採取永續作為的執行總裁能夠招募並且留住最好的人才。[26]

優秀的年輕人希望在有高尚道德原則的公司中任職。[27]

讓公司有利於環境永續,需要大幅改變公司本身的行為,以加深合作的運作模式激發員工的創意。[28]

你需要建立良好的環境管理系統(Environment Management System),例如 ISO14001,集中處理重要的面向與影響,例如能源使用、商務旅行、廢棄物、用水等。[29]

員工的權力能夠改進效率、增加創新,促進公司在環境保護上的表現,並且通過員工代表、優質環保員工、環

境專家和合夥組織而更好。[30]

公司需要傾聽員工的聲音，並且盡可能的實行員工的想法。[28]

你的公司需要鼓勵所有員工把環境永續目標納入日常工作中。[31]

你的公司需要支持並且鼓勵員工自發的推動當地重要的環境保護工作。[32]

▶ (7) 連接供應鏈與價值鏈

在全球化經濟中，公司依靠供應鏈才能達成商業目標。[33]

你的供應商所排放的溫室氣體，可以是你公司本身排放量的四倍。[34]

環保創新與永續等需要延伸到公司或組織本身的外部價值鏈上。[34]

達成這個目標的方式有：

建立負責的採購政策，讓產品與服務的採購對於環境的影響減少。[34]

和供應鏈合作，確保和合作的公司具有相同的永續目標。[33]

鼓勵供應鏈廠商採取關鍵績效基準，評估永續作為。[35]

鼓勵供應鏈的研發單位創造與製造更為環保的產品。[36]

利用區塊鏈技術追蹤所購買產品與服務對於環境造成的影響。[37]

根據關鍵績效基準與碳排放目標，每年評估並審查供應鏈。[37]

▶ (8) 改變對話

在 21 世紀，公司如果要受到信賴並且持續壯大，便需要改變與環境及社會的關係。[38]

古典經濟方式已死。

「用過就丟」的公司文化已死。

「用過就丟」
的公司文化已死。

如果公司要加入保護地球的行列，就必須加入循環經濟。[39]

在所有的公司與組織中，員工都位於核心，具有力量。

永續應該要成為所有公司的核心原則，能夠增長公司壽命，提高公司獲利。[5]

確定公司有 5 年、10 年、15 年、50 年計畫。[40]

▶ ⑼ 影響政府

讓政府知道自己很關注地球的未來。

有 200 多家英國公司促請政府在執行「後新冠肺炎」經濟復甦計畫時，同時達成零碳排放目標，這些公司包括了：碧域、英國石油公司、英國電信集團、法國巴黎銀行、西麥斯（水泥公司）、可口可樂、意昂集團、希斯羅機場、匯豐銀行、IKEA、駿懋銀行集團、三菱汽車、英國國家電網公司、普華永道會計師事務所、塞文川特自來水公司、天空公司、聯合利華、殼牌、西門子。[41]

讓政府知道自己很關注
地球的未來。

從政者短視近利，現在公司的計畫才比較長遠，因此要確保新的環境政策能夠產生長遠的正面影響。[42]

公司需要政府提供的基礎建設，因此要說服政府盡可能提供永續、低碳又高效率的基礎建設。[43]

公司需要技術嫻熟的團隊，支持大幅擴張中的全球綠色經濟。公司需要遊說政府提供最佳教育系統。[44]

環保法規由政府設立。遊說政府確保這些法規合理、嚴格、目標長遠，並且能夠獎勵完全遵守的公司與組織。[42]

一旦政府設置了嚴格的環保標準，要確保公司確實遵守，這樣公司能夠進行長遠的計畫。[42]

遊說政府要確保所有的環保法規由獨立（非商業）單位執行，提供公平競爭的環境，讓公司之間的競爭維持公平。[44]

要確保政府高瞻遠矚，承諾保護地球、保護你的公司。[42]

我們需要顛覆者，
我們需要創新思想家，
我們需要新公司，
帶來創新。

我們需要新一群看重
社會與環境的企業，
　幫助拯救地球。

▶ ⑽ 呼籲所有企業加入

全球綠色經濟正以驚人的速度成長，需要新的技術與新的產品。[45]

快速的改變帶來了機會，對於企業來說，是前所未有的好時刻和重要時刻。[46]

我們需要顛覆者，
我們需要創新思想家，
我們需要新公司，
帶來創新。

我們需要新一批看重社會與環境的企業，幫助拯救地球。[46]

那會是你的企業嗎？

Chapter 8

政府的解決方案

好的政策是我們改變世界的重要武器之一。

政府經由法規和發展政策，控制了文明社會的前進方向。

獎勵方案、補助、稅制、法規等，政府都可以用來讓我們的社會更為永續。[1]

利用雙贏的解決方案能夠讓每個人的日子過得更好。[2]

政府激發創新。[3]

所有氣候變遷的解決方案應該是雙贏方案。[2]

▶ ⑴ 支持再生能源

停止燃燒煤和天然氣。[4]

減少空氣汙染，保障生命，減少醫療成本。

投資太陽能發電、風力發電、水力發電與潮汐發電。[4]

所有氣候變遷的解決
方案應該是雙贏方案。

減少對於進口化石燃料的依賴，能夠增加能源安全。
在變動快速的 21 工業中創造新的工作機會。

對於無法回收的廢棄物，確定以高效能的焚化方式產生
熱能與能源，好完全回收製造所花費的能源。[5]

避免把廢棄物送到垃圾堆，這樣會造成水汙染，並且產
生甲烷。

提供資金讓核融合發電研究有所進展並且商業化。[4]

21 世紀所需要的長期永續能源，應該可以由安全乾淨
的核融合發電所提供。

▶ ⑵ 支持電動車和大眾運輸系統

投資電動車的基礎建設。[6]

減少空氣汙染，保障生命，減少醫療成本。

在變動快速的 21 工業中創造新的工作機會。

投資電動車基礎建設
投資大眾運輸系統與
自行車系統。

投資並補助大眾運輸系統與自行車系統。[7]

鼓勵每天運動，這能夠促進健康福祉，減少醫療成本。減少平均通勤時間，並且增進福祉。

▶ (3) 減少化石燃料的投資與補助

各國政府每年花費超過 5 兆美元補助化石燃料的使用。[8]

這些錢可用於醫療、基礎建設、再生能源，以及政府其他重要的優先事務。

減少政府對於海外化石燃料計畫的投資，改成投資海外永續能源。[9]

支持其他國家的減碳計畫。

推動各國自行生產再生能源科技的國際市場。

▶ ⑷ 課徵化石燃料稅

課徵燃油、煤炭與天然氣的進口稅與燃料稅。[10]

讓再生能源和電動車的競爭力提高。
增加政府歲入中投資低碳科技與基礎建設的比例。

對於國際網際網路公司，基於他們的碳排放來課稅。[11]

對跨國公司課稅，並且鼓勵大型 IT 公司減少碳足跡。

以固定里程數的碳排放量對航空燃油課稅。[10]

促進節能新航空科技的發展。

提供生物燃料或是零碳合成燃油的經濟動機。

降低搭飛機的汙名與愧疚，人們會願意選擇更為環保的飛行方式。

▶ (5) 打造低碳基礎設施

在世界各地建立新型高速子彈列車網路。 [7]

用碳排放低的鐵路取代碳排放高的飛機。
交通更快速同時降低安全風險。
創造許多就業機會。
美國國內有 80% 的飛航可以用東岸和西岸的高速鐵路
網取代。

設計新的建築法規，讓新的建築達到零碳排放。 [12]

建造更健康的居家、辦公室與工廠。

降低家庭的能源成本，減輕因為花太多錢購買能源而造
成的貧窮。

支持建築物翻新以降低碳排放。 [13]

打造更健康與便宜的建築物，作為居住和工作之用。

建造新的資源回收設施，並且從廢棄物中回收能源。 [14]

增強循環經濟，提供更多低碳能源，減少廢棄物丟進垃
圾堆。

▶ (6) 再造森林與野地

鼓勵重新種植當地的樹木,恢復森林。[15-17]

以植物捕集二氧化碳而自然達到負碳排放。
增加與保護當地生物多樣性。
穩定當地土壤。
減少極端爆洪風險。

穩定區域降雨及氣候模式。

鼓勵恢復自然棲地,例如濕地、泥炭地、草原、紅樹林
和海岸草地。[18,19]

能夠讓自然儲存碳,並且降低土地的碳排放。
增加與保護當地生物多樣性。
減少極端風暴帶來的大浪與洪水。
減緩海岸侵蝕的速度。
增加周遭農地的生產力。
美化環境,增進生活幸福。

利用先進的土地稅制,確保更佳的土地利用方式以保護
環境。[20,21]

利用財務誘因讓森林與野地重建。

利用財務誘因推行低碳與永續農業。

利用財務誘因推動洪水防治措施。

將更多的土地轉變為公有土地，並且確保能夠為了公眾
利益而充分利用。

▶ ⑺ 推動低碳排放農耕與飲食

政府對於農業要有新願景：能保護環境、增加食物供給安全、提供更健康的食物，並且增進動物福祉。[22]

食品資訊需要強制標示，其中內容包括產地、碳足跡、栽培方式以及相關健康訊息。[23]

提供關於食物對環境與健康影響的真實資訊，做為消費者選擇食物時的依據。

規定政府採購的食物中，必須包含植物為主、營養價值高又具備環保認證的食物。[24,25]

鼓勵大型食品公司製造以植物材料為主的高營養產品。
增加環保農夫的收入。
對於為政府工作或由政府照顧的人，提供健康的飲食。

禁止不健康食物的廣告，對於肉類、糖等不健康的食物課稅。[27,28]

政府對於農業要有
新願景：能保護環境、
增加食物供給安全、
提供更健康的食物，
並且增進動物福祉。

讓不健康的食物更昂貴而減少吸引力。

幫助改變食物文化，遠離不健康食物。

利用法規和財務補助，鼓勵能夠恢復土壤、保護多樣性、減少用水和汙染的農耕方式。[17,29-31]

能夠有助於減少洪水和乾旱造成的衝擊。

減少處理與純化水資源的成本。

鼓勵能和自然和諧共處的農業方法，例如農業生態法（agroecology）、循環農業（circular agriculture）和有機農業。[32]

減少農業中廢棄物和溫室氣體排放。

在農耕區域中增加恢復為森林和野地的區域。

對於非有機農藥和合成肥料課稅。全球都要禁止會對蜜蜂和其他必要傳粉者造成傷害的農藥。[33]

提高當地生物多樣性，維持傳粉者族群，後者是一項重要的生態系服務。

▶ ⑻ 支持碳交易計畫

碳排放交易也稱為「總量管制與排放交易制度」（cap and trade），是經由市場而執行的環保法規，如果公司要排放溫室氣體，就需要購買排放。[34]

排放額可以交易，這樣可以刺激公司盡快減少排放量，以得到財務利益。[34]

溫室氣體排放額度每年減少，價格會持續提高，確保溫室氣體的排放量能持續下降，並且刺激創新快速出現。[34]

讓公司更有效率、更環保。
讓公司和大機構省錢。
推動創新，並且讓機構之間分享最佳的減碳方法。

▶ ⑼ 採取應對方式，保護民眾。

進行國家例行氣候變遷風險評估並且加以公布。[35]

讓公司、機構、地方政府和個人能夠得到氣候變遷風險評估，並且採取適當的應對方式。

讓大眾清楚知道因為氣候變遷所增加的風險。[36]

幫助民眾了解氣候變遷的風險，以及政府對此所採取的保護民眾措施。

支持應對氣候變遷的地方基礎建設與社會措施。[37]

保護民眾的健康福祉，保護在地經濟活動。

氣候變遷會使得風暴、洪水、乾旱與熱浪增加，打造堅固的基礎建設以保護民眾的生命財產。[38]

保護民眾與財產。

建造被動式低碳降溫建築。對於現有的建築，改造空氣與地面暖氣系統與空調系統。[39]

保護民眾健康，免於熱浪的危害。

▶ (10) 全民基本收入

無條件確保每位公民都有基本收入，能夠維持生計所需
而且不需要強制工作。[40,41]

消除赤貧。

打破工作與非永續消費之間的連結。

讓公民在職業生涯中的任何時候都可以再次接受訓練。

讓民眾能夠選擇永續與發揮社會責任的工作。

讓公民除了下個月的薪水之外，在心中的目標更為遠
大。

讓公民能夠選擇照顧年長和罹病親人。

增加創造力以及和社區的連結。

減少社會壓力。

減少醫療照護成本。

增加創業者的數量以及他們成功的機會。

保護民眾與企業免於流行病。

全民基本收入能夠打破
工作與非永續消費
之間的連結。

拯救地球與我們自己

想像人類的未來。

設想出方法。

加以實現。

在 21 世紀面臨的挑戰非常巨大。

不要低估這些挑戰。

我們需要處理：

氣候變遷，
環境惡化，
全球各地的不均等與赤貧，
全球、國家與個人的安全。

我們要用雙贏、三贏、四贏的解決方案，處理那些問題。[1]

如果個別處理，那麼某一個問題的解決方案，會讓其他問題更嚴重。

要記得：

我們擁有科技。
我們具備資源。

我們擁有科技。

我們具備資源。

我們有金錢。

我們有科學家、企業家和發明家。

我們缺乏的是能實現更好的未來的政治家與政策。

我們需要拯救地球的計畫。

▶ (1) 讓國際機構現代化

現在的國際機構並不符合我們的目標。[2]

許多都有 70 年以上的歷史。[2]

世界銀行成立於 1944 年。

聯合國成立於 1945 年。

國際貨幣基金成立於 1945 年。

關稅及貿易總協定簽立於 1947 年。

世界貿易組織在 1995 年取代關稅及貿易總協定。

北大西洋公約組織在 1949 年成立。

經濟合作暨發展組織（OECD）在 1961 年成立，有 37 個會員國，目標是刺激經濟發展與世界貿易。

七大工業國組織（Group of Seven）在 1975 年成立時有六個會員國：法國、德國、義大利、日本、英國和美國，加拿大在 1976 年加入，俄羅斯在 1997 年加入，在 2014 年退出。

20 大工業國由 19 個國家和歐盟在 1999 年成立，目標為促進國際金融穩定。

我們所需要的是能夠代表世界上每個人的國際機構，這些機構的管理必須要能公平公正。[3]

我們需要 21 世紀版本的布列敦森林會議，重新設計國際政府組織。[4]

我們需要改造世界銀行和國際貨幣基金，讓這些機構著重在發展綠色永續經濟與消除貧窮之上。[5]

對於石化工業，我們要多加思考，改變全球的石化工業基礎建設，並且阻止公司與高化石燃料生產國持續的遊說工作。[6]

我們需要改造世界貿易組織，因為該組織的基本目標是確保貿易自由與順暢，並且盡可能的符合預期結果。[7]

世界貿易組織鼓勵貿易與消費，使得降低碳排放變得更為困難。世界貿易組織阻礙了地區、國家、國際對於環境保護的措施與法規。[7]

我們可以把世界貿易組織改造成世界永續組織（World Sustainability Organization）。[7]

我們需要理解到貿易自由對於發展中國家未必最有利。[8]

1960 年起，北半球區域的收入已經大約為南半球區域收入的三倍。[9]

1980 年起，有超過 16 兆 3000 億美元從南半球區域轉移到北半球區域。[10]

其中超過 4 兆 2000 億美元是利息，直接轉入紐約與倫敦大銀行的現金。[10]

世界永續組織的首要目標是支持與協助改造依靠化石燃料出口國家的經濟狀況。[7]

聯合國中權力最大的部會是安全理事會，由 10 個非常任理事國與 5 個常任理事國組成，後者是第二次世界大戰的戰勝國：[11]

中國（14 億人）
美國（3 億 3000 萬人）
俄羅斯（1 億 4600 萬人）
英國（6800 萬人）
法國（6500 萬人）

在聯合國中，一國一票，意味著全世界的人在聯合國中的地位並不平等。[12]

在聯合國的 193 個會員國中，有 75 個是完全民主的國家，有 53 個是完全集權的國家，幾乎無法代表民眾的權力。[13]

許多民眾在國內都沒有發聲的機會，遑論在國際組織之中。[13]

我們需要重新思考聯合國的功能，讓聯合國真正代表了全世界的人。[12]

聯合國 2.0 必須更民主，有直接代表一般民眾的組織。[12]

聯合國安全理事會的會員國，可以由 10 個最大的經濟體擔任永久席次，其他席次由世界其他各主要區域輪流擔任。[14]

聯合國環境署在聯合國的機構應該排第二，不應該和貿易、衛生、勞工組織在同一階層，更不該與海洋事務、智慧財產與觀光機構在同一階層。[15]

聯合國環境署的預算很少，不到世界衛生組織預算的四分之一、世界糧食計畫署的十分之一，而在後兩者中，環境都是重要議題。[16]

我們需要把聯合國環境署升級為完整的聯合國世界環境組織（World Environment Organization）。[15]

世界環境組織所需的經費至少要和世界衛生組織相同。[15]

世界環境組織會監督「永續發展目標」（Sustainability Development Goals）、《生物多樣性公約》（Convention on Biological Diversity）和《氣候變遷公約》（Convention on Climate Change），確保這些項目彼此強化而非相互牴觸。[15]

經濟是否成功，
應該要由人類的福祉
高低來評估，
而不是產生了多少金錢。

▶ ⑵ 重新設計適合實際人群的經濟體系

新自由經濟主義盛行了將近 40 年，國際貨幣基金會宣稱這種方式危害了世界經濟的未來。[17]

古典經濟主義無法發揮功能，並且也不適用於人類全球社會的要求與複雜性。[17]

生產毛額並不能用於評估人類的狀況。[18]

經濟是否成功，應該要由人類的福祉高低來評估，而不是產生了多少金錢。[19]

國內和各國必須要進行財富重新分配。[20]

大學應該要加緊腳步，提出新的看法與見解，而不只是保管知識、反覆傳授舊式經濟理論。[21]

有 17 個永續發展目標（Sustainability Development Goals）[22] 需要達成：

① 在全世界消除一切形式的貧困。
② 消除飢餓，實現糧食安全，改善營養狀況和促進永續農業。
③ 確保健康的生活方式，促進各年齡人群的福祉。
④ 確保包容和公平的優質教育，讓全民終身享有學習機會。
⑤ 實現性別平等，增強所有婦女和女童的權能。
⑥ 為所有人提供水資源衛生及進行永續管理。
⑦ 確保人人負擔得起、可靠和永續的現代能源。
⑧ 促進持久、包容和永續經濟增長，促進充分的生產性就業和人人獲得適當工作。
⑨ 建設具防災能力的基礎設施，促進具包容性的永續工業化及推動創新。
⑩ 減少國家內部和國家之間的不平等。
⑪ 建設包容、安全、具防災能力與永續的城市和人類住區。
⑫ 確保永續的消費和生產模式。
⑬ 採取緊急行動應對氣候變遷及其衝擊。
⑭ 保護和永續利用海洋和海洋資源，促進永續發展。
⑮ 保育和永續利用陸域生態系統，永續管理森林，防治沙漠化，防止土地劣化，遏止生物多樣性的喪失。

⑯ 創建和平與包容的社會以促進永續發展，提供公正司法之可及性，建立各級有效、負責與包容的機構。
⑰ 加強執行手段，重振永續發展的全球夥伴關係。

但是永續發展目標對於經濟成長的重點會需要重新設定。[23]

過了 2030 年，下一組永續發展目標需要集中在減碳、能源、食物與水資源安全、減少赤貧，以及保護生物圈與生物多樣性。[23]

▶ (3) 新地緣政治

我們必須了解並且接受 21 世紀的政治現實狀況。

美國必須參與全球事務，並且批准目前與未來的國際合約，目前為止有許多合約該國都沒有簽署獲批准。[24]

以下這些重要案例都與人權和環境保護相關。

1972 年， 反洲際彈道飛彈合約簽署了，但於 2002 退出。

1977 年， 國際人權公約簽署但是未核准。

1979 年， 消除對婦女一切形式歧視公約，簽署但是未核准。

1989 年，兒童權利公約，簽署但是未核准。

1990 年，聯合國保護所有移徙工人及其家庭成員權利國際公約，未簽署。

1991 年，聯合國海洋法公約，未簽署。

1992 年，里約生物多樣性公約，簽署但是未核准。

1996 年，全面禁止核試驗條約，簽署但是未核准。

1997 年，京都議定書，簽署但是未有核准傾向。

1997 年，地雷禁止條約，未簽署。

1998 年，設立國際刑事法院，未簽署。

1999 年，消除對婦女一切形式歧視公約，未簽署。

2002 年，禁止酷刑公約，未簽署。

2006 年，保護所有人免遭強迫失蹤國際公約，未簽署。

2007 年，身心障礙者權利公約，簽署但是未核准。

2008 年，集束彈藥公約，未簽署。

2011 年，反仿冒貿易協定，簽署但是未核准。

2013 年，武器貿易條約，簽署但是未核准。

2016 年，跨太平洋夥伴，簽署但是未核准。

2017 年，巴黎氣候變遷協定，簽署但是未核准，2020 年退出。

我們要了解到東方的興起。[25]

中國經濟的規模迅速擴大，快要趕上美國，而在購買力上已經超越美國。[26]

到了 2050 年，
地球上會有 100 億人。

到了 2050 年，亞洲的經濟活動將占世界的一半。[25]

到了 2050 年，地球上會有 100 億人。[27]

52 億人居住在亞洲。[27]

如果有 50 億人的消費水準等同於現在最富有 10 億人的消費水準，那麼總消費將會是現在的 5 到 10 倍。[28,29]

那麼就相當於至少有 460 億人居住在地球上。[28,29]

在這本書中已經說明目前的消費所造成的傷害，想像 10 倍消費所造成傷害會有多大。[30]

因此保護地球的解決方案，必須要由亞洲帶領或是一起合作。[31]

▶ ⑷ 設立有意義的全球目標

在 2050 年達到零碳排放。[32]

在 2050 年到 2100 年間達到負碳排放。[32]

在 2050 年達到
零碳排放。

到了 2030 年
不再砍伐森林。

到了 2030 年不再砍伐森林。[33]

在 2050 年前種植 1 兆棵樹。[32]

已開發國家的消費必須在 2050 年減為現在的一半，到了 2100 年減為四分之一。[34]

到了 2030 年，每天生活花費在 5 美元以下的人口數量減半。[35]

由國家制定每個人的共同基本收入。[36]

在 2050 年前消除赤貧。[37]

現在全世界的錢已經足以達成這個目標。[38]

現在只需要開明的政策。

▶ (5) 發展打造共同未來的計畫

改變世界時，我們必須能夠帶來正面回饋。

國際上的氣候變遷、生物多樣性和環境保護公約，必須要盡快簽署，讓所有層面的行動都合法化。[39]

永續發展必須成為全球經濟的新核心。[40]

綠色經濟能夠創造工作機會與生計方式，同時提供更安全與健康的環境。[40]

來自於公約的跨國經濟與政治強制力是必要的，這樣才能夠確保每個人都致力為所有人打造更為安全的美好未來。[40]

國際公約、個人抗議、行為改變，讓政府有理由採取行動，阻止氣候變遷與保護環境。[40-42]

個人消費選擇和政府規範，能促使公司的作為改變。[43,44]

提前採取適當道德行動的公司，能驅使個人改變，並且讓政府先進的政策合法化。[45,46]

政府需要為個人、機構與公司的正面作為，建立報償系統。[43]

每個國家都要依據自己的文化與政治現況，設計自己的解決方案。[43]

但是這些方案必須要能夠達成減緩全球氣候變遷與環境破壞這個主要目標，同時增進人類福祉與安全。

人類的優點：

人類是地球上第一個能夠控制自身族群的物種，控制的關鍵在於女性**教育**和減少貧窮。[47]

每個國家中，當女性接受到國中或是高中教育，便能控制自己的生育以及生下孩子的數量。[47]

人類是第一個能夠透過**科學**去了解人類的行為對於家鄉、國家、區域和全球影響的物種。

人類是第一個能由自己創造**科技**解決幾乎所有面臨問題的物種。

21 世紀的挑戰，是我們必須學習在思考和行動時，要考慮到整個地球。

21 世紀的挑戰，
是我們必須學習
在思考和行動時，
要考慮到整個地球。

下個世代的人類彼此連結更為緊密，他們在家鄉行動，思考的則是整個地球。

我們必須打造新的**政治**與經濟系統，這樣我們才能照顧：

每個人，
全球物種，
整個地球，
那全都是我們賴以生存的。

結語

2020 年，幾乎每個人的生活型態都因為新冠肺炎的流行而徹底改變了。同時也因為交通減少、工業製造減少以及非必要消費減少，使得全球碳排放降低了，但是降低的量比你想得要少。人類一些活動的停止，讓大自然有時間復甦，每個地方的空氣都變得比較乾淨，汙染程度降低。世界各地都有人呼籲，在流行過後要有一個更好、更健康與更安全的世界。不過依然有人不顧慮員工的安全與生活，招喚他們回去工作。精靈已經從瓶子中跑出來了，世界各地的公民已經體察到和政府、產業、文明社會與這個地球之間，可以有不同的關係。在這種關係中，健康福祉會置於某個國家或少數人的經濟利益之前。

面對疫情，需要採取快速而且激烈的行為，對於家鄉和全球經濟造成了巨大的短期影響。對於氣候變遷和環境惡化這些全球性長期議題，那種方式並不值得效法，但是讓人更深入了解我們可以如何合作來處理氣候變遷問題。1980 年代以來有一種趨勢：排除政府法規與對

社會的普遍支持。各國之間這種轉變的程度各不相同，但是到處可見，造成了整個世代都認為，市場和商業本身最清楚該如何運作，因為公司比任何由政府組織的計畫都要有效率。新冠肺炎流行明顯地指出，在現代生活中，市場、公司與產業雖然很重要，但是在結構上並不是為每個人的最佳利益而採取行動的。公司的本質就是要專注於獲利，快速擴張，使得股票的價值提高。這種專注力使得公司非常靈活，私人企業在疫情中扮演了重要的角色：在搶購潮中確保食物的供應，改變生產線以製造必須的醫療用品，以及協助發展疫苗。但是許多公司只是期待國家的貸款與紓困方案。我們發現到，只有政府才能夠主持維護健康與安全的重要任務，特別是在危機發生之時。

許多經濟活動暫停，減少了碳排放與生物多樣性流失，對於環境有利，幾乎沒有人會說所付出的社會經濟代價是值得的。除此之外，全球封鎖對於碳排放的影響細微，最近的研究指出，2020 年的碳排放只減少了 4-7%。所以幾乎所有的航班停止（每年約 10 萬架次）和開車減少，對於全球溫室氣體汙染的改善極為有限。事實上，就算 2020 年碳排放大幅降低，也只是和 2006 年的排放量相同而已，到了 2021 年，排放量又恢復到往年。這是因為在疫情期間，能源的生產方式

幾乎沒有改變。顯然，如果要避免氣候變遷造成更大的威脅，在恢復經濟活動時，需要符合環保的基本解決方案。

新冠肺炎病毒造成了嚴重甚至會致死的呼吸與血管系統疾病，現在我們了解到原因之一是造成疾病的病毒是一種人畜共通病毒，這個病毒突變了，變得能夠從其他的動物傳染給人類，這個過程的涵義是人類的系統並不認識新冠肺炎病毒的遺傳特徵，會比較晚才能夠產生能夠對抗感染的抗體。很可能是在中國和東南亞的不人道活體菜市場中，販售瀕危的蝙蝠和穿山甲，讓病毒有機會跳到人類身上。之前就有人畜共通病毒爆發流行，指出了這種傳染的風險極高，例如 1996 年的 H5N1 病毒，和 2002–3 年間的 SARS 大流行。每次流行過後，中國政府都禁止菜市場中的活體野生動物買賣，但是文化因素又讓禁令鬆弛了。

比較好的政策執行方式是注意來自專家對於人畜共通病毒的警告，所有的政府應採取宏觀策略，主動減少這種貿易，例如推動文化轉變，同時逐漸增加限制。到了這個階段，重要的工作是採取合作策略，承諾長期禁止野生動物貿易，因為野生動物貿易對於許多罕見物種的需求持續增加，對全球都造成影響。許多人的健康與安

全，建立在人類與自然關係的轉變之上，我們需要保護生物多樣性，以及世界各地獨特的生態系。

在這本書中，我希望指出了政府的激勵方案、政策、稅制、法規與強制手段，能夠改變社會，確保最好的將來。在新冠肺炎疫情過後，政府所扮演的新型活潑角色，需要我們的管控，好讓政府在推動國家與國際經濟活動時更注重永續。如果適當執行，還有助於處理下一個傳染病爆發。如果改變對於自然與野生生物的政策，甚至能阻止下一場傳染病爆發。舉例來說，採用當地的再生能源，能夠增加能源和確保工作，在因為疫情而封鎖的時候便顯得重要。刪除化石燃料的補助額，能夠用在醫療系統的經費變了數兆美元。大幅減少肉類消費、增進動物福祉，完全保護野生生物和生物多樣性，能夠增進人類健康，減少人畜共通傳染而降低新疫情出現的機會。

提倡全民基本收入能夠降低非必要消費，減少民眾的碳足跡，並且保護經濟免於下一場傳染病大流行，因為縱使在需要保持社交距離時，每個人還是有足夠的錢過日子。

新冠肺炎改變了我們對於政府的看法，以及政府在社會中所扮演的腳色。我們接納這種改變，現在可以確定雙

贏解決方案能用於處理氣候變遷與環境危機。我們公民和這件事情息息相關，必須要確保政府的行動對每個人都有利，他們要保護地球的生物多樣性和寶貴的資源，並且穩定氣候。民眾是國家的基礎，政府必須為民眾服務。

我最近一次生日，有個朋友寄了張卡片給我，上面寫道：

未來由具備勇氣的人所創造。

如果我們都有勇氣，我希望藉由這本書，為所有人類創造出更美好、公平與安全的未來。

▶ 我們的星球：地球

我們的地球。

我們的家鄉。

在黑暗空虛中的藍色星球。

距離太陽第三近的行星。[1]

花 365.256 天繞太陽一周，時速 10 萬 7200 公里。[2]

赤道長 4 萬 75 公尺。[2]

要花 8015 個小時（相當於 668 天）才能走完。

地球表面積為 5 億 1000 萬平方公里。

一半的面積位於熱帶地區。

地球的體積是 1 兆 830 億立方公里。

地球的質量是 6000 億公噸。

地球是太陽系中密度最大的行星。[1]

地球表面 29% 是陸地，包含了濕潤的雨林到乾燥的沙漠。[3]

陸地上的最高峰是聖母峰，海拔 8848 公尺。[4]

陸地上最低點是死海，在 2020 年地表面為海平面下 434 公尺。[5]

地球表面有 71% 是水，包括了海洋、湖泊與河流。[3]

海洋中最深的地方是馬里亞納海溝的挑戰者深淵（Challenger Deep），在海平面下 1 萬 984 公尺。[6]

地表平均溫度是攝氏 14 度。[7]

最冷的溫度紀錄是攝氏零下 89.2 度。[8]

最高的溫度紀錄是攝氏 56.7。[8]

最大的海洋是太平洋，占了地表的三分之一，面積為 1 億 6525 萬平方公里。[9]

四條最長的河流分別是：

尼羅河（6693 公里）
亞馬遜河（6436 公里）
長江（6300 公里）
密西西比河（6275 公里）[10]

最大的三角洲是恆河三角洲，面積超過 10 萬平方公里。[11]

最大的五個沙漠是：

南極沙漠（1400 萬平方公里）
撒哈拉沙漠（840 萬平方公里）
阿拉伯沙漠（230 萬平方公里）
戈壁沙漠（130 萬平方公里）
喀拉哈里沙漠（90 萬平方公里）[12]

三個最大的雨林是：

亞馬遜雨林（550 萬平方公里）
剛果雨林（178 萬平方公里）
新幾內亞雨林（288 萬平方公里）[13]

現存的物種中，我們發現了 190 萬種，地球上可能有多達 1 兆個物種。[14,15]

地球上有 78 億人，每個人都是獨一無二的。[16]

你也是。

參考書目與文獻

▌第一章

1. Planck Collaboration, 'Planck 2018 results, VI. Cosmological parameters', *Astronomy & Astrophysics* (2018), 1–72.
2. G. Lemaitre, 'The beginning of the world from the point of view of quantum theory', *Nature* 127 (1931), 706.
3. E. Hubble, 'A relation between distance and radial velocity among extra-Galactic nebulae', *Proceedings of the National Academy of Sciences of the* USA 15 (1929), 168–73.
4. A. A. Penzias & R. W. Wilson, 'A measurement of excess antenna temperature at 4080 Mc/s', *Astrophysical Journal* 142 (1965), 419–21.
5. I. Ferreras, *Fundamentals of Galaxy Dynamics, Formation and Evolution* (UCL Press, 2019).
6. S. W. Stahler & F. Palla, *The Formation of Stars* (Wiley, 2004).
7. A. S. Eddington, 'The internal constitution of the stars', *Science* 52 (1920), 233–40.
8. F. Hoyle, 'On nuclear reactions occurring in very hot stars. I. The synthesis of elements from carbon to nickel', *The Astrophysical Journal Supplement Series* 1 (1954), 121–46.
9. D. A. Fischer & J. Valenti, 'The planet-metallicity correlation', *The Astrophysical Journal* 622 (2005), 1102–17.
10. E. M. Burbidge, G. R. Burbidge, W. A. Fowler & F. Hoyle, 'Synthesis of the elements in stars', *Reviews of Modern Physics* 29 (1957), 547–650.
11. A. Bouvier & M. Wadhwa, 'The age of the Solar System redefined by the oldest Pb–Pb age of a meteoritic inclusion', *Nature Geoscience* 3 (2010), 637–41.
12. S. Jain, 'The Cosmic Bodies' in *Fundamentals of Physical Geology*, ed. S. Jain (Springer India, 2014), pp. 37–53.
13. G. Faure & T. M. Mensing, 'From Speculation to Understanding' in *Introduction to Planetary Science: The Geological Perspective*, ed. G. Faure & T. M. Mensing (Springer Netherlands, 2007), pp. 13–21.
14. C. H. Langmuir & W. Broecker, *How to Build a Habitable Planet: The Story of Earth from the Big Bang to Humankind* (Princeton University Press, 2012).
15. J. Laskar, F. Joutel & P. Robutel, 'Stabilization of the Earth's obliquity by the Moon', *Nature* 361 (1993), 615–17.
16. M. S. Dodd *et al.*, 'Evidence for early life in Earth's oldest hydrothermal vent precipitates', *Nature* 543 (2017), 60–64.
17. M. McFall- Ngai *et al.*, 'Animals in a bacterial world, a new imperative for the life sciences', *Proceedings of the National Academy of Sciences of the USA* 110 (2013), 3229–36.
18. A. H. Knoll, E. J. Javaux, D. Hewitt & P. Cohen, 'Eukaryotic organisms in Proterozoic oceans', *Philosophical Transactions of the Royal Society B: Biological Sciences* 361 (2006), 1023–38.
19. L. Chen, S. Xiao, K. Pang, C. Zhou & X. Yuan, 'Cell differentiation and germ–soma separation in Ediacaran animal embryo-like fossils', *Nature* 516 (2014), 238–41.

20. A. C. Maloof *et al.*, 'The earliest Cambrian record of animals and ocean geoche mical change', *GSA Bulletin* 122 (2010), 1731–74.
21. D. G. Shu *et al.*, 'Lower Cambrian vertebrates from south China',*Nature* 402 (1999), 42–6.
22. S. G Lucas & Z. Luo, '*Adelobasileus* from the Upper Triassic of West Texas: The oldest mammal', *Journal of Vertebrate Paleontology* 13 (1993), 309–34.
23. M. Maslin, *The Cradle of Humanity: How the Changing Landscape of Africa Made Us So Smart* (Oxford University Press, 2017).
24. J. H. Kaas, 'The origin and evolution of neocortex: From early mammals to mod ern humans', *Progress in Brain Research* 250 (2019), 61–81.
25. T. J. D. Halliday, P. Upchurch & A. Goswami, 'Eutherians experienced elevated evol utionary rates in the immediate aftermath of the Cretaceous–Palaeogene mass exti nction', *Proceedings of the Royal Society B: Biological Sciences* 283 (2016), 1–8.
26. P. R. Renne *et al.*, 'Time scales of critical events around the Cretaceous–Paleoge ne boundary', *Science* 339 (2013), 684–7.
27. C. A. Emerling, F. Delsuc & M. W. Nachman, 'Chitinase genes (CHIAs) provide genomic footprints of a post-Cretaceous dietary radiation in placental mamma ls', *Science Advances* 4 (2018), 1–10.
28. J. D. Archibald, *Extinction and Radiation: How the Fall of Dinosaurs Led to the Rise of Mammals* (Johns Hopkins University Press, 2011).
29. X. Ni *et al.*, 'The oldest known primate skeleton and early haplorhine evolution', *Nature* 498 (2013), 60–64.
30. S. Shultz, C. Opie & Q. D. Atkinson, 'Stepwise evolution of stable sociality in pri mates', *Nature* 479 (2011), 219–22.
31. C. V. Ward, A. S. Hammond, J. M. Plavcan & D. R. Begun, 'A late Miocene homi nid partial pelvis from Hungary', *Journal of Human Evolution* 136 (2019), 1–25.
32. M. Brunet *et al.*, 'A new hominid from the Upper Miocene of Chad, Central Afri ca', *Nature* 418 (2002), 145–51.
33. B. Senut *et al.*, 'Palaeoenvironments and the origin of hominid bipedalism', *Histo ric Biology* 30 (2018), 284–96.
34. S. Harmand *et al.*, '3. 3-million-year-old stone tools from Lomekwi 3, West Turk ana, Kenya', *Nature* 521 (2015), 310–15.
35. S. Shultz & M. Maslin, 'Early human speciation, brain expansion and dispersal in fluenced by African climate pulses', *PLOS ONE* 8 (2013), 1–7; and M. A. Maslin *et al.*, 'A synthesis of the theories and concepts of early human evolution', *Philos ophical Transactions of the Royal Society B* 370 (2015), 20140064.
36. F. Carotenuto *et al.*, 'Venturing out safely: The biogeography of *Homo erectus* di spersal out of Africa', *Journal of Human Evolution* 95 (2016), 1–12.
37. N. T. Roach, M. Venkadesan, M. J. Rainbow & D. E. Lieberman, 'Elastic energy st orage in the shoulder and the evolution of high-speed throwing in *Homo* ', *Natu re* 498 (2013), 483–6.
38. L. C. Aiello & C. Key, 'Energetic consequences of being a *Homo erectus* female', *American Journal of Human Biology* 14 (2002), 551–65.
39. C. A. O'Connell & J. M. DeSilva, 'Mojokerto revisited: Evidence for an intermed iate pattern of brain growth in *Homo erectus* ', *Journal of Human Evolution* 65 (2013), 156–61.
40. D. M. Bramble & D. E. Lieberman, 'Endurance running and the evolution of *Homo* ', *Nature* 432 (2004), 345–52.
41. S. W. Simpson *et al.*, 'A Female *Homo erectus* pelvis from Gona, Ethiopia', *Scien

ce 322 (2008), 1089–92.

42. J. C. A. Joordens *et al.*, '*Homo erectus* at Trinil on Java used shells for tool prod uction and engraving', *Nature* 518 (2015), 228–31.
43. K. G. Hatala *et al.*, 'Footprints reveal direct evidence of group behavior and loco motion in *Homo erectus* ', *Scientific Reports* 6 (2016), 1–9.
44. J. A. J. Gowlett & R. W. Wrangham, 'Earliest fire in Africa: Towards the converge nce of archaeological evidence and the cooking hypothesis', *Azania: Archaeolo gical Research in Africa* 48 (2013), 5–30.
45. D. Richter *et al.*, 'The age of the hominin fossils from Jebel Irhoud, Morocco, and the origins of the Middle Stone Age', *Nature* 546 (2017), 293–6.
46. A. Bouzouggar *et al.*, '82,000- year-old shell beads from North Africa and impl ications for the origins of modern human behavior', *Proceedings of the National Academy of Sciences of the USA* 104 (2007), 9964–9.
47. R. Nielsen *et al.*, 'Tracing the peopling of the world through genomics', *Nature* 541 (2017), 302–10.
48. B. Hood, *The Domesticated Brain: A Pelican Introduction* (Penguin, 2014), p. 336.
49. J. F. Hoffecker, *Modern Humans: Their African Origin and Global Dispersal* (Col umbia University Press, 2017).
50. C. Gamble, J. Gowlett & R. Dunbar, *Think Big: How the Evolution of Social Life Shaped the Human Mind* (Thames & Hudson, 2014), p. 224.
51. S. L. Lewis & M. A. Maslin, *The Human Planet: How We Created the Anthropoce ne* (Penguin, 2018).

▌ 第二章 ──────────────────────────────

1. J. F. Hoffecker, *Modern Humans: Their African Origin and Global Dispersal* (Col umbia University Press, 2017).
2. M. W. Pedersen *et al.*, 'Postglacial viability and colonization in North America'sice-free corridor', *Nature* 537 (2016), 45–9.
3. S. L. Lewis & M. A. Maslin, *The Human Planet: How We Created the Anthropoce ne* (Penguin, 2018).
4. A. D. Barnosky, P. L. Koch, R. S. Feranec, S. L. Wing & A. B. Shabel, 'Assessing the ca uses of Late Pleistocene extinctions on the continents', *Science* 306 (2004), 70–75.
5. A. D. Barnosky, 'Megafauna biomass tradeoff as a driver of Quaternary and futu re extinctions', *Proceedings of the National Academy of Sciences of the USA* 105 (2008), 11543–8.
6. M. Maslin, *The Cradle of Humanity: How the Changing Landscape of Africa Made Us So Smart* (Oxford University Press, 2017).
7. Y. Malhi, 'The Metabolism of a Human-Dominated Planet' in *Is the Planet Full?*, ed. I. Goldin (Oxford University Press, 2014), pp. 142–63.
8. J. M. Diamond, *Guns, Germs, and Steel: The Fates of Human Societies* (W. W. Norton & Co., 1997).
9. G. Larson *et al.*, 'Current perspectives and the future of domestication studi es', *Proceedings of the National Academy of Sciences of the USA* 111 (2014), 6139–46.
10. N. D. Wolfe, C. P. Dunavan & J. Diamond, 'Origins of major human infectious di seases', *Nature* 447 (2007), 279–83.

11. W. F. Ruddiman, 'The anthropogenic greenhouse era began thousands of years ago', *Climatic Change* 61 (2003), 261–93.
12. W. F. Ruddiman, Z. Guo, X. Zhou, H. Wu & Y. Yu, 'Early rice farming and anoma lous methane trends', *Quaternary Science Reviews* 27 (2008), 1291–5.
13. W. F. Ruddiman *et al.*, 'Late Holocene climate: Natural or anthropogenic?', *Revie ws of Geophysics* 54 (2016), 93–118.
14. US Census Bureau, 'Historical estimates of world population'(2018): https:// www.census.gov/data/tables/ time-series/demo/ international-programs/ historical-est-worldpop.html.
15. R. H. Fuson, *The Log of Christopher Columbus* (International Marine Publishing Company, 1987).
16. A. Koch, C. Brierley, M. A. Maslin & S. L. Lewis, 'Earth system impacts of the Eur opean arrival and Great Dying in the Americas after 1492', *Quaternary Science Reviews* 207 (2019), 13–36.
17. A. W. Crosby, 'Virgin soil epidemics as a factor in the aboriginal depopulation in America', *The William and Mary Quarterly* 33 (1976), 289–99.
18. R. S. Walker, L. Sattenspiel & K. R. Hill, 'Mortality from contact-related epidemics am ong indigenous populations in Greater Amazonia', *Scientific Reports* 5 (2015), 1–9.
19. H. F. Dobyns, 'Disease transfer at contact', *Annual Review of Anthropology* 22 (1993), 273–91.
20. N. D. Cook, *Born to Die: Disease and New World Conquest, 1492–1650* (Cam bridge University Press, 1998).
21. C. C. Mann, *1491: New Revelations of the Americas before Columbus*. (Knopf, 2005).
22. A. W. Crosby, *The Columbian Exchange: Biological and Cultural Consequences of 1492* (Praeger, 2003).
23. D. Wootton, *The Invention of Science: A New History of the Scientific Revolution* (Penguin, 2015).
24. I. Wallerstein, 'The rise and future demise of the world capitalist system: Conc epts for comparative analysis', *Comparative Studies in Society and History* 16 (1974), 387–415.
25. H. S. Klein, *The Atlantic Slave Trade* (Cambridge University Press, 1999).
26. J. Micklethwait & A. Wooldridge, *The Company: A Short History of a Revolutiona ry Idea* (Phoenix, 2003).
27. G. J. Ames, *The Globe Encompassed: The Age of European Discovery, 1500– 1700*. (Pearson Prentice Hall, 2008).
28. W. Dalrymple, *The Anarchy: The Relentless Rise of the East India Company* (Bloo msbury, 2019).
29. J. Horn, L. N. Rosenband & M. R. Smith, *Reconceptualizing the Industrial Revolut ion* (MIT Press, 2010).
30. R. C. Allen, *The British Industrial Revolution in Global Perspective* (Cambridge University Press, 2009).
31. UN DESA, Population Division, 'The 1998 revision of the United Nations populat ion projections', *Population and Development Review* 24 (1998), 891–5.
32. B. W. Clapp, *An Environmental History of Britain since the Industrial Revolution* (Taylor & Francis, 1994).
33. IPCC, *Climate Change 2013: The Physical Science Basis. Contribution of Worki ng Group I to the Fifth Assessment Report of the Intergovernmental Panel on Cl imate Change* (2013): https://www.ipcc.ch/site/assets/uploads/2018/02/WG1

AR5_all_final.pdf.

34. C. I. Archer, J. R. Ferris, H. H. Herwig & T. H. E. Travers, *World History of Warfa re* (University of Nebraska Press, 2002).

35. G. O'Reilly, *Aligning Geopolitics, Humanitarian Action and Geography in Times of Conflict* (Springer Nature, 2019).

36. H. G. Wells, *The War That Will End War* (Duffield & Co., 1914).

37. P. N. Stearns, *The Industrial Revolution in World History* (Taylor &Francis, 2013).

38. A. Klasen, *The Handbook of Global Trade Policy* (Wiley- Blackwell, 2020).

39. W. Steffen, W. Broadgate, L. Deutsch, O. Gaffney & C. Ludwig, 'The trajectory of the Anthropocene: The Great Acceleration', *The Anthropocene Review* 2 (2015), 81–98.

40. N. Lewkowicz, *The United States, the Soviet Union and the Geopolitical Implicati ons of the Origins of the Cold War* (Anthem Press, 2018).

41. R. S. Norris & H. M. Kristensen, 'Global nuclear weapons inventories, 1945– 2010', *Bulletin of the Atomic Scientists* 66 (2010), 77–83.

42. J. R. McNeill & P. Engelke, *The Great Acceleration: An Environmental History of the Anthropocene since 1945* (Harvard University Press, 2014).

43. United Nations, *World Population Prospects 2019: Highlights* (2019): https://po pulation.un.org/wpp/Publications/Files/WPP2019_Highlights.pdf.

44. J. H. Brown *et al.*, 'Energetic limits to economic growth', *BioScience* 61 (2011), 19–26.

45. D. McNally, *Global Slump: The Economics and Politics of Crisis and Resistance* (PM Press, 2011).

46. R. Shretta, 'The economic impact of COVID-19'(University of Oxford, 7 Apr il 2020): https://www.research.ox.ac.uk/Article/2020-04-07-the-economic-impact-of-covid-19.

▌第三章

1. S. L. Lewis & M. A. Maslin, *The Human Planet: How We Created the Anthropoce ne* (Penguin, 2018).

2. C. N. Waters *et al.*, 'The Anthropocene is functionally and stratigraphically distin ct from the Holocene', *Science* 351 (2016), 137–47.

3. B. H. Wilkinson, 'Humans as geologic agents: A deep-time perspective', *Geolo gy* 33 (2005), 161–4.

4. R. M. Hazen, E. S. Grew, M. J. Origlieri & R. T. Downs, 'On the mineralogy of the "Anthropocene Epoch" ', *American Mineralogist* 102 (2017), 595–611.

5. W. Steffen, W. Broadgate, L. Deutsch, O. Gaffney & C. Ludwig, 'The trajectory of the Anthropocene: The Great Acceleration', *The Anthropocene Review* 2 (2015), 81–98.

6. J. Boucher & D. Friot, *Primary Microplastics in the Oceans: A Global Evaluation of Sources* (IUCN, 2017): https://www.iucn.org/content/ primary-microplastics-oceans

7. BBC News, 'Mariana Trench: Deepest-eversub dive finds plastic bag' (13 May 2019): https://www.bbc.co.uk/news/ science-environment-48230157.

8. J. Chapman, 'Introduction' in *Routledge Handbook of Sustainable Product Desi gn*, ed. J. Chapman (Taylor & Francis, 2017).

9. J. N. Galloway *et al.*, 'Transformation of the nitrogen cycle: Recent trends, questi

ons, and potential solutions', *Science* 320 (2008), 889–92.

10. United Nations, *World Population Prospects 2019: Highlights* (2019): https://population.un.org/wpp/Publications/Files/WPP2019_Highlights.pdf.

11. T. W. Crowther *et al.*, 'Mapping tree density at a global scale', *Nature* 525 (2015), 201–5.

12. V. Smil, *Harvesting the Biosphere: What We Have Taken from Nature* (MIT Press, 2013).

13. FAO, *The State of World Fisheries and Aquaculture 2018: Meeting the Sustainable Development Goals* (2018): http://www.fao.org/3/I9540EN/i9540en.pdf.

14. FAO, *World Food and Agriculture: Statistical Pocketbook 2019* (2019): http://www.fao.org/3/ca6463en/CA6463EN.pdf.

15. J. Baillie *et al.*, *2004 IUCN Red List of Threatened Species: A Global Species Assessment* (IUCN, 2004).

16. L. Mitchell, E. Brook, J. E. Lee, C. Buizert & T. Sowers, 'Constraints on the late Holocene anthropogenic contribution to the atmospheric methane budget', *Science* 342 (2013), 964–6.

17. WMO, *WMO Greenhouse Gas Bulletin No. 15: The State of Greenhouse Gases in the Atmosphere Based on Global Observations through 2018* (2018): https://library.wmo.int/doc_num.php?explnum_id=10100.

18. IPCC, *Climate Change 2013: The Physical Science Basis. Contribution of Working Group I to the Fifth Assessment Report of the Intergovernmental Panel on Climate Change* (2013): https://www.ipcc.ch/site/assets/uploads/2018/02/WG1AR5_all_final.pdf.

19. H. Ritchie & M. Roser, 'CO2 and greenhouse gas emissions' (Our World in Data, 2017): https://ourworldindata.org/ co2-and-other-greenhouse-gas-emissions.

20. M. Willeit, A. Ganopolski, R. Calov & V. Brovkin, 'Mid- Pleistocene transition in glacial cycles explained by declining CO2 and regolith removal', *Science Advances* 5 (2019), 1–8.

21. M. Maslin, *Climate Change: A Very Short Introduction*. (Oxford University Press, 2014).

22. K. Caldeira & M. E. Wickett, 'Anthropogenic carbon and ocean pH', *Nature* 425 (2003), 365.

23. ICUN, *Ocean Deoxygenation: Everyone's Problem–Causes, Impacts, Consequences and Solutions* (2019): https://portals.iucn.org/library/sites/library/files/documents/ 2019-048-En.pdf.

24. J. Fourier, '*Remarques generales sur les temperatures du globe terrestre et des espaces planetaires* ', *Annales de Chimie et de Physique* 27 (1824), 136–67.

25. IPCC, *Climate Change 2014: Synthesis Report. Contribution of Working Groups I, II and III to the Fifth Assessment Report of the Intergovernmental Panel on Climate Change* (2014): https://www.ipcc.ch/site/assets/uploads/2018/02/SYR_AR5_FINAL_full.pdf.

26. J. Wang *et al.*, 'Global land surface air temperature dynamics since 1880', *International Journal of Climatology* 38 (2018), 466–74.

27. L. Cheng *et al.*, 'Record- setting ocean warmth continued in 2019', *Advances in Atmospheric Sciences* 37 (2020), 137–42.

28. R. S. Nerem *et al.*, 'Climate- change-driven accelerated sea-level rise detected in the altimeter era', *Proceedings of the National Academy of Sciences of the USA* 115 (2018), 2022–5.

29. K. E. Kunkel *et al.*, 'Trends and extremes in Northern Hemisphere snow characte

ristics', *Current Climate Change Reports* 2 (2016), 65–73.

30. J. Stroeve & D. Notz, 'Changing state of Arctic sea ice across all seasons', *Enviro nmental Research Letters* 13 (2018), 1–23.

31. World Glacier Monitoring Service, *Global Glacier Change Bulletin No. 2 (2014–2015)* (2017): https://wgms.ch/downloads/WGMS_GGCB_02.pdf.

32. A, Shepherd *et al.*, 'Mass balance of the Greenland Ice Sheet from 1992 to 2018', *Nature* 579 (2019): doi:10.1038/ s41586-019-1855-2.

33. E. Rignot *et al.*, 'Four decades of Antarctic Ice Sheet mass balance from 1979–2017', *Proceedings of the National Academy of Sciences of the USA* 116 (2019), 1095–103.

34. B. K. Biskaborn *et al.*, 'Permafrost is warming at a global scale', *Nature Commu nications* 10 (2019), 1–11.

35. S Piao *et al.*, 'Plant phenology and global climate change: Current progresses and challenges', *Global Change Biology* 25 (2019), 1922–40.

36. C. Howard *et al.*, 'Flight range, fuel load and the impact of climate change on the journeys of migrant birds', *Proceedings of the Royal Society B: Biological Scie nces* 285 (2019), 1–9 (2018).

37. C. Parmesan, 'Ecological and evolutionary responses to recent climate change', *Annual Review of Ecology, Evolution, and Systematics* 37 (2006), 637–69.

38. K. T. Bhatia *et al.*, 'Recent increases in tropical cyclone intensification rates', *Natu re Communications* 10 (2019), 1–9.

39. S. A. Kulp & B. H. Strauss, 'New elevation data triple estimates of global vulnerabili ty to sea-level rise and coastal flooding', *Nature Communications* 10 (2019), 1–12.

40. E. Bevacqua *et al.*, 'Higher probability of compound flooding from precipitation and storm surge in Europe under anthropogenic climate change', *Science Advan ces* 5 (2019), 1–7.

41. B. I. Cook, J. S. Mankin & K. J. Anchukaitis, 'Climate change and drought: From past to future', *Current Climate Change Reports* 4 (2018), 164–79.

42. P. Pfleiderer, C.- F. Schleussner, K. Kornhuber & D. Coumou, 'Summer weath er becomes more persistent in a 2°C world',*Nature Climate Change* 9 (2019), 666–71.

43. M. W. Jones *et al.*, 'Climate change increases the risk of wildfires' (Science Brief, 2020): https://sciencebrief.org/briefs/wildfires.

44. NOAA, 'State of the Climate: Global Climate Report for Annual 2019' (2020): ht tps://www.ncdc.noaa.gov/sotc/global/201913.

45. Oxfam, *Extreme Carbon Inequality* (2015): https:// oi-files-d8-prod.s3. eu-west-2.amazonaws.com/ s3fs-public/file_attachments/ mb-extreme-carbon-inequality-021215-en.pdf.

46. World Bank, *Atlas of Sustainable Development Goals 2018: From World De velopment Indicators* (2018): http://documents.worldbank.org/curated/ en/590681527864542864/pdf/126797-PUB-PUBLIC.pdf.

47. FAO, *The State of Food Security and Nutrition in the World 2019: Safeguarding Against Economic Slowdowns and Downturns* (2019): http://www.fao.org/3/ca5 162en/ca5162en.pdf.

48. US Department of Agriculture, 'Food prices and spending' (2019):https://www. ers.usda.gov/ data-products/ag-and-food-statistics-charting-the-essentials/food-prices-and-spending/.

49. FAO of the United Nations, *Building on Gender, Agrobiodiversity and Local Kno wledge* (2005): http://www.fao.org/3/ a-y5956e.pdf.

50. E. Holt- Gimenez, A. Shattuck, M. Altieri, H. Herren & S. Gliessman, 'We already grow enough food for 10 billion people . . . and still can't end hunger', *Journal of Sustainable Agriculture* 36 (2012), 595–8.
51. UNICEF, *Levels and Trends in Child Mortality: Report 2019* (2019): https://www.unicef.org/sites/default/files/ 2019-10/UN-IGME-child-mortality-report-2019.pdf.
52. J. Buzby, H. Wells & J. Hyman, *The Estimated Amount, Value, and Calories of Postharvest Food Losses at the Retail and Consumer Levels in the United States* (US Department of Agriculture, 2014): https://www.ers.usda.gov/webdocs/publications/43833/43680_eib121.pdf.
53. FAO, *The State of Food and Agriculture: Innovation in Family Farming* (2014): http://www.fao.org/3/ a-i4040e.pdf; doi:10.13140/2.1.3919.7765.
54. World Bank, 'Employment in agriculture (% of total employment)' (2019): https:// data.worldbank.org/indicator/SL.AGR.EMPL.ZS.
55. IEA, IRENA, UNSD, WB, WHO, *Tracking SDG 7: The Energy Progress Report 2019* (2019): https://trackingsdg7.esmap.org/data/files/download-documents/2019-Tracking%20SDG7-Full%20Report.pdf.

▌第四章

1. N. McCarthy, 'Oil and gas giants spend millions lobbying to block climate change policies', *Forbes* (25 May 2019): https://www.forbes.com/sites/niallmccarthy/2019/03/25/ oil-and-gas-giants-spend-millions-lobbying-to-block-climate-change-policies-infographic/#1bddde527c4f.
2. N. Stern *et al.*, *Stern Review: The Economics of Climate Change* (UK Government, 2006).
3. IPCC, *Climate Change 2021: The Physical Science Basis. Contribution of Working Group I to the Sixth Assessment Report of the Intergovernmental Panel on Climate Change* (2021).
4. R. Neukom, N. Steiger, J. J. Gomez-Navarro *et al.*, 'No evidence for globally coherent warm and cold periods over the preindustrial Common Era', *Nature* 571 (2019), 550–54:https://doi.org/10.1038/s41586-019-1401-2.
5. N. Watts *et al.*, 'The 2020 Report of The *Lancet* Countdown on Health and Climate Change', *Lancet* [insert issue no?] (2020):[insert url? Available Dec 20].
6. NASA-JPL,'Graphic: Temperature vs solar activity' (2020):https://climate.nasa.gov/climate_resources/189/ graphic-temperature-vs-solar-activity/.
7. T. Sloan & A. W. Wolfendale, 'Cosmic rays, solar activity and the climate', *Environmental Research Letters* 8 (2013), 1–7.
8. E. Foote, 'Circumstances affecting the heat of sun's rays', *American Journal of Art and Science* XXII (1856), 382–3.
9. WHO, Concise International Chemical Assessment Document 61, Hydrogen cyanide and cyanides: human health aspects (2004) p73. https://www.who.int/ipcs/publications/cicad/en/cicad61.pdf
10. IPCC, *Climate Change 2013: The Physical Science Basis. Contribution of Working Group I to the Fifth Assessment Report of the Intergovernmental Panel on Climate Change* (2013): https://www.ipcc.ch/site/assets/uploads/2018/02/WG1AR5_all_final.pdf.
11. NASA-JPL,'Scientific consensus: Earth's climate is warming'(2020): https://climate.nasa.gov/ scientific-consensus/.

12. M. Maslin, 'Cascading uncertainty in climate change models and its implications for policy', *Geographical Journal* 179 (2013), 264–71.
13. J. Desjardins, 'The $86 trillion world economy in one chart', *Visual Capitalist* (5 September 2019): https://www.visualcapitalist.com/ the-86-trillion-world-economy-in-one-chart/.
14. New Climate Economy, *Unlocking the Inclusive Growth Story of the 21st Centu ry: Accelerating Climate Action in Urgent Times* (2018): https://newclimateecon omy.report/2018/ wp-content/uploads/sites/6/2019/04/NCE_2018Report_Full_ FINAL.pdf.
15. D. Coady, I. Parry, N. Le & B. Shang, *Global Fossil Fuel Subsidies Remain Lar ge: An Update Based on Country-Level Estimates* (IMF working paper, 2019): ht tps://www.imf.org/en/Publications/WP/Issues/2019/05/02/ Global-Fossil-Fuel-Subsidies-Remain-Large-An-Update-Based-on-Country-Level-Estimates-46509.
16. S. A. Kulp & B. H. Strauss, 'New elevation data triple estimates of global vulnerabili ty to sea-level rise and coastal flooding', *Nature Communications* 10 (2019), 1–12.
17. E. Bevacqua *et al.*, 'Higher probability of compound flooding from precipitation and storm surge in Europe under anthropogenic climate change', *Science Advan ces* 5 (2019), 1–7.
18. B. I. Cook, J. S. Mankin & K. J. Anchukaitis, 'Climate change and drought: From past to future', *Current Climate Change Reports* 4 (2018), 164–79.
19. Pfleiderer, C.- F. Schleussner, K. Kornhuber & D. Coumou, 'Summer weather becomes more persistent in a 2°C world', *Nature Climate Change* 9 (2019), 666–71.
20. D. Shaposhnikov *et al.*, 'Mortality related to air pollution with the Moscow heat wave and wildfire of 2010', *Epidemiology* 25 (2014), 359–64.
21. D. Barriopedro, E. M. Fischer, J. Luterbacher, R. M. Trigo & R. Garcia- Herrera, 'The hot summer of 2010: Redrawing thetemperature record map of Europe', *Sc ience* 332 (2011), 220–24.
22. J. M. McGrath & D. B. Lobell, 'Regional disparities in the CO2 fertilization effe ct and implications for crop yields', *Environmental Research Letters* 8 (2016): htt ps://iopscience.iop.org/article/10.1088/ 1748-9326/8/1/014054.
23. M. Maslin, *Climate Change: A Very Short Introduction*. (Oxford University Press, 2021).
24. NOAA, Science on a Sphere, 'Ocean – atmosphere CO2 exchange'(2020): htt ps://sos.noaa.gov/datasets/ ocean-atmosphere-co2-exchange/.
25. NYDF Assessment Partners, *Protecting and Restoring Forests: A Story of Large Co mmitments yet Limited Progress* (2019): https://forestdeclaration.org/images/up loads/resource/2019NYDFReport.pdf.
26. P. Guertler & P. Smith, *Cold Homes and Excess Winter Deaths: A Preventable Pu blic Health Epidemic That Can No Longer Be Tolerated* (2018): https://www. nea.org.uk/ wp-content/uploads/2018/02/ E3G-NEA-Cold-homes-and-excess-winter-deaths.pdf.
27. NOAA, US National Weather Service, 'Weather related fatality and injury statisti cs: Weather fatalities 2019' (2019): https://www.weather.gov/hazstat/.
28. WHO, *Public Health Advice on Preventing Health Effects of Heat* (2011): http:// www.euro.who.int/__data/assets/pdf_file/0007/147265/Heat_information_she et.pdf?ua=1.
29. J. Tollefson, 'The hard truths of climate change–by the numbers', *Nature Briefing* 573 (2019), 325–7.

30. M. Rocha *et al.*, *Historical Responsibility for Climate Change–From Countries Emi ssions to Contribution to Temperature Increase* (Climate Analytics, 2015): https:// www.climateanalytics.org/media/historical_responsibility_report_nov_2015.pdf.
31. Energy & Climate Intelligence Unit, *Net Zero: Why?* (2018): https:// ca1-eci.edcdn.com/ briefings-documents/net-zero-why-PDF-compressed.pdf?mti me=20190529123722.
32. L. E. Erickson & M. Jennings, 'Energy, transportation, air quality, climate change, health nexus: Sustainable energy is good forour health', *AIMS Public Health* 4 (2017), 47–61.
33. L. Georgeson & M. Maslin, 'Estimating the scale of the US green economy within the global context', *Palgrave Communications* 5 (2019), 121.
34. M. Maslin & S. Lewis, 'Reforesting an area the size of the US needed to help avert climate breakdown, say researchers–are they right?' *The Conversation* (4 July 2019): https://theconversation.com/ reforesting-an-area-the-size-of-the-us-needed-to-help-avert-climate-breakdown-say-researchers-are-they-right-119842.

▌ 第五章

1. M. Collins *et al.*, 'Long- term Climate Change: Projections, Commitments and Irr eversibility' in *Climate Change 2013: The Physical Science Basis. Contribution of Working Group I to the Fifth Assessment Report of the Intergovernmental Panel on Climate Change* (2013): https://www.ipcc.ch/site/assets/uploads/2018/02/ WG1AR5_all_final.pdf.
2. Pfleiderer, C.- F. Schleussner, K. Kornhuber & D. Coumou, 'Summer weather becomes more persistent in a 2°C world', *Nature Climate Change* 9 (2019), 666–71.
3. ILO, *Working on a Warmer Planet: The Impact of Heat Stress on Labour Produ ctivity and Decent Work* (2019): https://www.ilo.org/wcmsp5/groups/public/---dgreports/---dcomm/---publ/documents/publication/wcms_711919.pdf.
4. M. A. Krawchuk, M. A. Moritz, M.- A. Parisien, J. Van Dorn & K. Hayhoe, 'Glob al pyrogeography: The current and future distribution of wildfire', *PLOS ONE* 4 (2009), 1–12.
5. H. Morita & P. Kinney, 'Wildfires, Air Pollution, Climate Change and Health' in *Cl imate Change and Global Health*, ed. C. D. Butler (CABI, 2014), pp. 114–23.
6. D. Laffoley & J. M. Baxter, *Explaining Ocean Warming: Causes, Scale, Effects and Consequences* (ICUN, 2016): https://portals.iucn.org/library/node/46254.
7. Great Barrier Reef Marine Park Authority, *Great Barrier Reef Outlook Re port 2019: In Brief* (2019): http://elibrary.gbrmpa.gov.au/jspui/bitstre am/11017/3478/1/ Outlook-In-Brief-2019.pdf.
8. B. I. Cook, J. S. Mankin & K. J. Anchukaitis, 'Climate change and drought: From past to future', *Current Climate Change Reports* 4 (2018), 164–79.
9. A. Mirzabaev *et al.*, 'Desertification' in *Climate Change and Land: an IPCC Spe cial Report on Climate Change, Desertification, Land Degradation, Sustainable Land Management, Food Security, and Greenhouse Gas Fluxes in Terrestrial Eco systems* (2019): https://www.ipcc.ch/srccl/.
10. R. Engelman & P. LeRoy, *Sustaining Water: Population and the Future of Renewab le Water Supplies* (Population Action International, 1993).

11. FAO, *Climate Change and Food Security: Risks and Responses* (2016): http://www.fao.org/3/ a-i5188e.pdf.
12. D. Notz & J. Stroeve, 'The trajectory towards a seasonally ice-free Arctic Ocean', *Current Climate Change Reports* 4 (2018), 407–16.
13. M. Meredith *et al.*, 'Polar Regions' in *IPCC 2019: Special Report on the Ocean and Cryosphere in a Changing Climate* (2019):https://www.ipcc.ch/site/assets/uploads/sites/3/2019/11/07_SROCC_Ch03_FINAL.pdf.
14. R. Hock *et al.*, 'High Mountain Areas' in *IPCC 2019: Special Report on the Ocean and Cryosphere in a Changing Climate* (2019):https://www.ipcc.ch/site/assets/uploads/sites/3/2019/11/06_SROCC_Ch02_FINAL.pdf.
15. M. Gilaberte- Burdalo, F. Lopez- Martin, M. R. Pino-Otin & J. I. Lopez-Moreno,'Impacts of climate change on ski industry',*Environmental Science & Policy* 44 (2014), 51–61.
16. L. G. Thompson, H. H. Brecher, E. Mosley- Thompson, D. R. Hardy & B. G. Mark, 'Glacier loss on Kilimanjaro continues unabated', *Proceedings of the National Academy of Sciences of the USA* 106 (2009), 19770.
17. P. Wester, A. Mishra, A. Mukherji & A. B. Shrestha, *The Hindu Kush Himalaya Assessment: Mountains, Climate Change, Sustainability and People* (Springer, 2019): https://link.springer.com/book/10.1007/ 978-3-319-92288-1.
18. M. Oppenheimer *et al.*, 'Sea Level Rise and Implications for Low-lying Islands, Coasts and Communities' in *IPCC 2019: Special Report on the Ocean and Cryosphere in a Changing Climate* (2019): https://www.ipcc.ch/srocc/chapter/ chapter-4-sea-level-rise-and-implications-for-low-lying-islands-coasts-and-communities/.
19. J. Holder, N. Kommenda & J. Watts, 'The three-degreeworld: the cities that will be drowned by global warming', *Guardian* (3 November 2017): https://www.theguardian.com/cities/ ng-interactive/2017/nov/03/ three-degree-world-cities-drowned-global-warming.
20. M. Maslin, *Climate Change: A Very Short Introduction*. (Oxford University Press, 2021).
21. Md. N. Islam & A. van Amstel, *Bangladesh I: Climate Change Impacts, Mitigation and Adaptation in Developing Countries*. (Springer Nature, 2018).
22. Environment Agency, *Thames Estuary 2100: Managing Flood Risk Through London and the Thames Estuary* (2012): https://assets.publishing.service.gov.uk/government/uploads/system/uploads/attachment_data/file/322061/LIT7540_43858f.pdf.
23. R. M. DeConto & D. Pollard, 'Contribution of Antarctica to past and future sea-level rise', *Nature* 531 (2016), 591–7.
24. P. J. Sousounis & C. M. Little, *Climate Change Impacts on Extreme Weather* (Air Worldwide Corp., 2017): https://www. air-worldwide.com/SiteAssets/Publications/ White-Papers/documents/ Climate-Change-Impacts-on-Extreme-Weather.
25. T. Knutson *et al.*, 'Tropical cyclones and climate change assessment: Part II: Projected response to anthropogenic warming', *Bulletin of the American Meteorological Society* 101 (2019), E303–22.
26. J. B. Elsner, J. P. Kossin & T. H. Jagger, 'The increasing intensity of the strongest tropical cyclones', *Nature* 455 (2008), 92–5.
27. Y. Y. Loo, L. Billa & A. Singh, 'Effect of climate change on seasonal monsoon in Asia and its impact on the variability of monsoon rainfall in Southeast Asia', *Geoscience Frontiers* 6 (2015), 817–23.
28. WMO, *Integrated Flood Management Tools Series: Urban Flood Management*

in a Changing Climate (2012): https://library.wmo.int/doc_num.php?explnum_id=7333.

29. R. A. Feely, S. C. Doney & S. R. Cooley, 'Ocean acidification: Present conditions and future changes in a high-CO2 world', *Oceanography* 22 (2009), 36–47.

30. S. C. Doney, V. J. Fabry, R. A. Feely & J. A. Kleypas, 'Ocean acidification: The other CO2 problem', *Annual Review of Marine Science* 1 (2009), 169–92.

31. C. Mbow *et al.*, 'Food Security' in *Climate Change and Land: an IPCC Special Report on Climate Change, Desertification, Land Degradation, Sustainable Land Management, Food Security, and Greenhouse Gas Fluxes in Terrestrial Ecosystems* (2019): https://www.ipcc.ch/srccl/.

32. J. R. Porter *et al.*, 'Food Security and Food Production Systems' in *Climate Change 2014: Impacts, Adaptation, and Vulnerability, Part A: Global and Sectoral Aspects. Contributions of Working Group II to the Fifth Assessment Report of the Intergovernmental Panel on Climate Change* (2014): https://www.ipcc.ch/site/assets/uploads/2018/02/ WGIIAR5-Chap7_FINAL.pdf.

33. FAO, *The State of Food Security and Nutrition in the World 2019: Safeguarding Against Economic Slowdowns and Downturns* (2019): http://www.fao.org/3/ca5162en/ca5162en.pdf.

34. FAO, *Climate Change, Water and Food Security* (2008): http://www.fao.org/3/i2096e/i2096e.pdf.

35. N. Watts *et al.*, 'The 2019 report of The *Lancet* Countdown on health and climate change: Ensuring that the health of a child born today is not defined by a changing climate', *Lancet* 394 (2019), 1836–78.

36. K. R. Smith *et al.*, 'Human Health: Impacts, Adaptation, and Co-benefits'in *Climate Change 2014: Impacts, Adaptation, and Vulnerability, Part A: Global and Sectoral Aspects. Contribution of Working Group II to the Fifth Assessment Report of the Intergovernmental Panel on Climate Change* (2014): https://www.ipcc.ch/site/assets/uploads/2018/02/ WGIIAR5-Chap11_FINAL.pdf.

37. IOM, *Migration and Climate Change* (2008).

38. D. J. Cantor. *Cross-border Displacement, Climate Change and Disasters: Latin America and the Caribbean* (UNHCR, 2018):https://www.unhcr.org/uk/protection/environment/5d4a7b737/cross-border-displacement-climate-change-disasters-latin-america-caribbean.html.

39. Q. Wodon, A. Liverani, G. Joseph & N. Bougnoux, *Climate Change and Migration: Evidence from the Middle East and North Africa.* (World Bank, 2014).

40. A. Panda, 'Climate induced migration from Bangladesh to India: Issues and challenges', *SSRN Electronic Journal* 2010, 1–28.

41. EJF, *Beyond Borders: Our Changing Climate–Its Role in Conflict and Displacement* (2017): https://ejfoundation.org/resources/downloads/BeyondBorders.pdf.

42. IPCC, *Global Warming of 1.5°C: An IPCC Special Report* (2019): https://www.ipcc.ch/site/assets/uploads/sites/2/2019/06/SR15_Full_Report_High_Res.pdf.

43. IPCC, *Renewable Energy Sources and Climate Change Mitigation* (2012): https://www.ipcc.ch/site/assets/uploads/2018/03/SRREN_Full_Report- 1.pdf.

44. G. Jia *et al.*, 'Land– Climate Interactions' in *Climate Change and Land: an IPCC Special Report on Climate Change, Desertification, Land Degradation, Sustainable Land Management, Food Security, and Greenhouse Gas Fluxes in Terrestrial Ecosystems* (2019): https://www.ipcc.ch/srccl/.

45. C40 Cities Climate Leadership Group, GCoM & IPCC, *Summary for Urban Policy Makers: What the IPCC Special Report on Global Warming of 1.5°C Me*

ans for Cities (2018): https://www.c40.org/researches/ summary-for-urban-policymakers-what-the-ipcc-special-report-on-global-warming-of-1-5-c-means-for-cities.

46. O. Lucon et al., 'Buildings' in Climate Change 2014: Mitigation of Climate Cha nge. Contribution of Working Group III to the Fifth Assessment Report of the Inte rgovernmental Panel on Climate Change (2014): https://www.ipcc.ch/site/asse ts/uploads/2018/02/ipcc_wg3_ar5_chapter9.pdf.

47. R. Sims et al., 'Transport' in Climate Change 2014: Mitigation of Climate Chan ge. Contribution of Working Group III to the Fifth Assessment Report of the Inter governmental Panel on Climate Change (2014): https://www.ipcc.ch/site/assets/ uploads/2018/02/ipcc_wg3_ar5_chapter8.pdf.

48. Transport & Environment, Roadmap to Decarbonising European Aviation (2018): https://www.transportenvironment.org/sites/te/files/publications/2018_10_Aviat ion_decarbonisation_paper_final.pdf.

49. J. Heywood, 'The virtues of meeting virtually in a time of climate crisis', RSA (11 June 2019): https://www.thersa.org/discover/publications-and-articles/rsa-blogs/2019/06/ the-virtues-of-meeting-virtually-in-a-time-of-climate-crisis.

50. B. A. Jones et al., 'Zoonosis emergence linked to agricultural intensification and environmental change', Proceedings of the National Academy of Sciences of the USA 110 (2013), 8399–404.

51. RSA, Creative Citizen, Creative State – The Principled and Pragmatic Case for a Universal Basic Income (2015): https://www.thersa.org/globalassets/reports/ rsa_basic_income_20151216.pdf.

52. E. O. Wilson, Half-Earth: Our Planet's Fight for Life. (W. W. Norton & Co., 2016).

53. K. Gi, F. Sano, K. Akimoto, R. Hiwatari & K. Tobita, 'Potential contribution of fu sion power generation to low-carbon development under the Paris Agreement and associated uncertainties', Energy Strategy Reviews 27 (2020), 1–11.

▌第六章

1. M. H. Goldberg, S. van der Linden, E. Maibach & A. Leiserowitz, 'Discussing glo bal warming leads to greater acceptance of climate science', Proceedings of the National Academy of Sciences of the USA 116 (2019), 14804–5.

2. Q. Schiermeier, 'Eat less meat: UN climate-change report calls for change to hu man diet', Nature 572 (2019), 291–2.

3. T. Raphaely & D. Marinova, 'Flexitarianism: Decarbonising through flexible veget arianism', Renewable Energy 67 (2014), 90–96.

4. P. Scarborough et al., 'Dietary greenhouse gas emissions of meat-eaters, fish-eaters, vegetarians and vegans in the UK', Climatic Change 125 (2014), 179–92.

5. W. Willett et al., 'Food in the Anthropocene: the EAT–Lancet Commission on heal thy diets from sustainable food systems', Lancet 393 (2019), 447–92.

6. IPCC, Climate Change and Land: an IPCC Special Report on Climate Change, Desertification, Land Degradation, Sustainable Land Management, Food Security, and Greenhouse Gas Fluxes in Terrestrial Ecosystems (2019): https://www.ipcc.ch/ site/assets/uploads/2019/11/ SRCCL-Full-Report-Compiled-191128.pdf.

7. E. Roos, T. Garnett, V. Watz & C. Sjors, The Role of Dairy and Plant Based Dai ry Alternatives in Sustainable Diets (Swedish University of Agricultural Sciences, 2018): https://pub.epsilon.slu.se/16016/1/roos_e_et_al_190304.pdf (2018).

8. V. Roeben, 'The global community is finally acting on climate change, but we need to switch to renewable energy faster', *The Conversation* (22 August 2019): https://theconversation.com/the-global-community-is-finally-acting-on-climate-change-but-we-need-to-switch-to-renewable-energy-faster-119841.

9. IRENA, *Renewable Power Generation Costs in 2018* (2019): https://www.irena.org/-/media/Files/IRENA/Agency/Publication/2019/May/ IRENA_Renewable-Power-Generations-Costs-in-2018.pdf.

10. A. Rowell, *Communities, Councils & a Low- Carbon Future: What We Can Do If Governments Won't* (Transition Books, 2010).

11. US Department of Energy, Energy Saver, *Tips on Saving Money and Energy in Your Home* (2017): https://www.energy.gov/sites/prod/files/2017/10/f37/ Ener gy_Saver_Guide- 2017-en.pdf.

12. Committee on Climate Change, *UK Housing: Fit for the Future?* (2019): htt ps://www.theccc.org.uk/ wp-content/uploads/2019/02/ UK-housing-Fit-for-the-future-CCC-2019.pdf.

13. Committee on Climate Change, *Net Zero: The UK's Contribution to Stopping Gl obal Warming* (2019): https://www.theccc.org.uk/wp-content/uploads/2019/05/ Net-Zero-The-UKs-contribution-to-stopping-global-warming.pdf.

14. Office for National Statistics, 'Road transport and air emissions' (2019): https:// www.ons.gov.uk/economy/environmentalaccounts/articles/roadtransportandaire missions/ 2019-09-16.

15. A, Neves & C. Brand, 'Assessing the potential for carbon emissions savings from replacing short car trips with walking and cycling using a mixed GPS-travel di ary approach', *Transportation Research Part A: Policy and Practice* 123 (2019), 130–46.

16. WHO, *Health in the Green Economy: Health Co-benefits of Climate Change Mi tigation– Transport Sector* (2011): http://extranet.who.int/iris/restricted/bitstre am/handle/10665/70913/9789241502917_eng.pdf;jsessionid=509F19AF7D 4BAB84921BAAF102B713E4?sequence=1.

17. European Environment Agency, *The First and Last Mile—The Key to Sustainable Urban Transport: Transport and Environment Report 2019* (2020) https://www.eea.europa.eu//publications/the-first-and-last-mile.

18. L. Cozzi, 'Growing preference for SUVs challenges emissions reductions in pas senger car market' (IEA, 2019): https://www.iea.org/commentaries/ growing-preference-for-suvs-challenges-emissions-reductions-in-passenger-car-market.

19. N. Kommenda, 'How your flight emits as much CO2 as many people do in a year', *Guardian* (19 July 2019): https://www.theguardian.com/environment/ ng-interactive/2019/jul/19/carbon-calculator-how-taking-one-flight-emits-as-much-as-many-people-do-in-a-year.

20. BBC News, 'Climate change: Should you fly, drive or take the train?' (24 August 2019): https://www.bbc.co.uk/news/ science-environment-49349566).

21. UNFCCC, Carbon Offset Platform, 'What is offsetting?' (2020):https://offset.cli mateneutralnow.org/aboutoffsetting.

22. P. Collinson, 'How to get your pension fund to divest from fossil fuels.', *Guardian* (9 May 2015): https://www.theguardian.com/money/2015/may/09/ how-get-pension-fund-divest-fossil-fuels(2015).

23. 350.org, Green Century Funds & Trillium Asset Management, *Make a Clean Bre ak: Your Guide to Fossil Fuel Free Investing–An Updated Guide to Personal Dives tment and Reinvestment* (2017):https://trilliuminvest.com/whitepapers/ make-a-

clean-break-your-guide-to-fossil-fuel-free-investing.

24. IEEFA, *The Financial Case for Fossil Duel Divestment* (2018): http://ieefa.org/ wp-content/uploads/2018/07/ Divestment-from-Fossil-Fuels_The- Financial-Case_July- 018.pdf.

25. As You Sow, 'Carbon Clean 200™: Investing in a clean energy future–2018 Q1 performance update' (2018): https://www.asyousow.org/report/ clean200-2018-q1.

26. Friends of the Earth, 'Natural resources: Overconsumption and the environment' (2020): https://friendsoftheearth.uk/natural-resources.

27. S. Helm, J. Serido, S. Ahn, V. Ligon & S. Shim, 'Materialist values, financial and pro-environmental behaviors, and well-being', *Young Consumers* 20 (2019), 264–84.

28. WRAP, Recycle Now, 'Reduce waste' (2020): https://www.recyclenow.com/ reduce-waste.

29. K. Williamson, A. Satre- Meloy, K. Velasco & K. Green, *Climate Change Nee ds Behavior Change: Making the Case for Behavioral Solutions to Reduce Gl obal Warming* (Rare, 2018): https://rare.org/ wp-content/uploads/2019/02/ 2018-CCNBC-Report.pdf.

30. Global Recycling Day, *Recycling: The Seventh Resource Manifesto* (2018): htt ps://www.globalrecyclingday.com/ wp-content/uploads/2017/12/ManifestoFIN AL.pdf.

31. Circle Economy, *The Circularity Gap Report 2020* (2020): https://pacecircular. org/sites/default/files/ 2020-01/Circularity%20Gap%20Report%202020.pdf.

32. M. Berners- Lee, *How Bad Are Bananas? The Carbon Footprint of Everything* (Pr ofile, 2010).

33. S. Laville, 'One year to save the planet: a simple, surprising guide to fighting the climate crisis in 2020', *Guardian* (7 January 2020): https://www.theguardian. com/environment/2020/jan/07/save-the-planet-guide-fighting-climate-crisis-veganism-flying-earth-emergency-action.

34. BBC News, 'What is Extinction Rebellion and what does it want?'(7 October 2019): https://www.bbc.co.uk/news/ uk-48607989.

35. M. Taylor, J. Watts & J. Bartlett, 'Climate crisis: 6 million people join latest wave of global protests', *Guardian* (27 September 2019): https://www.theguardian. com/environment/2019/sep/27/ climate-crisis-6-million-people-join-latest-wave-of-worldwide-protests.

36. E. Marris, 'Why young climate activists have captured the world's attention', *Natu re* 573 (2019), 471–2.

37. M. Berners- Lee, *There Is No Planet B: A Handbook for the Make or Break Years* (Cambridge University Press, 2019).

▌第七章

1. HowMuch.net, 'Charted: The companies making the most money in 2019' (2019): https://howmuch.net/articles/ worlds-largest-companies-by-revenue.

2. McKinsey Global Institute, *Measuring the Economic Impact of Short-termism* (2017): https://www.mckinsey.com/~/media/McKinsey/Featured%20Insights/ Long%20term%20Capitalism/Where%20companies%20with%20a%20long%20 term%20view%20outperform%20their%20peers/ MGI-Measuring-the-economic-

impact-of-short-termism.ashx.

3. BSR, *Business in a Climate- Constrained World: Creating an Action Agenda for Private-sector Leadership on Climate Change* (2015):http://www.bsr.org/reports/bsr-bccw-creating-action-agenda-private-sector-leadership-climate-change.pdf.

4. CDP, 'World's top green businesses revealed in the CDP A List'(2019): https://www.cdp.net/fr/articles/companies/ worlds-top-green-businesses-revealed-in-the-cdp-a-list.

5. CDP, *Climate Action and Profitability:* CDP *S&P 500 Climate Change Report 2014* (2014): https:// 6fefcbb86e61af1b2fc4-c70d8ead6ced550b4d987d7c03 fcdd1d.ssl.cf3.rackcdn.com/cms/reports/documents/00/00/845/original/ CDP-SP500-leaders-report-2014.pdf?1472032950.

6. Microsoft, 'Microsoft will be carbon negative by 2030' (2020):https://blogs.micr osoft.com/blog/2020/01/16/ microsoft-will-be-carbon-negative-by-2030/.

7. Sky, Sky Zero, 'We're going net zero carbon by 2030. Because the world can't wait' (2020): https://www.skygroup.sky/ sky-zero.

8. BP, 'BP sets ambition for net zero by 2050, fundamentally changing organisation to deliver' (2020): https://www.bp.com/en/global/corporate/ news-and-insights/press-releases/bernard-looney-announces-new-ambition-for-bp.html.

9. D. A. Lubin, T. Nixon & C. Mangieri, *Transparency: The Pathway to Leadership for Carbon Intensive Businesses* (Reuters *et al.*, 2019): https://www.reuters.com/ media-campaign/brandfeatures/ transparency-report/the-pathway-to-leadership-for-carbon-intensive-businesses-feb2019.pdf.

10. Natural Capital Partners, *The CarbonNeutral Protocol: The Global Standard for Carbon Neutral Programmes* (2020): https://carbonneutral.com/pdfs/The_Carb onNeutral_Protocol_Jan_2020.pdf.

11. UN Global Compact, *Guide to Corporate Sustainability: Shaping a Sustainab le Future* (2014): https://www.globalcompact.de/wAssets/docs/ Nachhaltigkeits-CSR-Management/un_global_compact_guide_to_corporate_sustainability.pdf.

12. CDP, *Mind the Science* (2015): https://sciencebasedtargets.org/mindthescience/ MindTheScience.pdf.

13. Science Based Targets, *Science-Based Target Setting Manual* (2019): https://scie ncebasedtargets.org/ wp-content/uploads/2017/04/ SBTi-manual.pdf.

14. TCFD, *Recommendations of the Task Force on Climate-related Financial Disclo sures* (2017): https://www. fsb-tcfd.org/ wp-content/uploads/2017/06/ FINAL-2017-TCFD-Report-11052018.pdf.

15. T. Bruckner *et al.*, 'Energy Systems' in *Climate Change 2014: Mitigation of Clim ate Change. Contribution of Working Group III to the Fifth Assessment Report of the Intergovernmental Panel on Climate Change* (2014): https://www.ipcc.ch/ site/assets/uploads/2018/02/ipcc_wg3_ar5_chapter7.pdf.

16. The Climate Group, *Smarter Energy Use: Businesses Doing More with Less: EP100 Progress and Insights Report* (2019): https://www.theclimategroup.org/sit es/default/files/ep100_annual_report_final.pdf.

17. World Green Building Council, *Doing Right by Planet and People: The Business Case for Health and Wellbeing in Green Building*(2018): https://www.worldgbc. org/sites/default/files/WorldGBC% 20-%20Doing%20Right%20by%20Planet%20 and%20People% 20-%20April%202018_0.pdf.

18. IRENA, *Corporate Sourcing of Renewables: Market and Industry Trends–REmade Index* (2018): https://irena.org/-/media/Files/IRENA/Agency/Publication/2018/ May/IRENA_Corporate_sourcing_2018.pdf.

19. Natural Capital Partners, *Green Gas Certificates: Help Companies Report Low er Scope 1 Emissions* (2018): https://assets.naturalcapitalpartners.com/downloa ds/Green_Gas_Certificate_Factsheet.pdf.
20. The Climate Group, *Business Driving Demand for Electric Vehicles: EV100 Progr ess and Insights Annual Report 2019*(2019): https://www.theclimategroup.org/si tes/default/files/ev100_annual_report_pdf.pdf.
21. BSR, *Transitioning to Low-Carbon Fuel: A Business Guide for Sustainable Trucki ng in North America–A Working Paper from the Future of Fuels Working Group* (2014): http://www.bsr.org/reports/BSR_Future_of_Fuels_Transitioning_to_Low_ Carbon_Fuel.pdf.
22. Ellen MacArthur Foundation, *Towards the Circular Economy: Economic and Bus iness Rationale for an Accelerated Transition* (2013): https://www.ellenmacarth urfoundation.org/assets/downloads/publications/ Ellen-MacArthur-Foundation- Towards-the-Circular-Economy-vol.1.pdf.
23. Circle Economy, *The Circularity Gap Report 2020* (2020): https://assets. website-files.com/5e185aa4d27bcf348400ed82/5e26ead616b6d1d157 ff4293_20200120% 20-%20CGR%20Global%20-%20Report%20web%20 single%20page% 20-%20210x297mm% 20-%20compressed.pdf.
24. Ellen MacArthur Foundation, *Growth Within: A Circular Economy Vision for a Co mpetitive Europe* (2015): https://www.ellenmacarthurfoundation.org/assets/dow nloads/publications/EllenMacArthurFoundation_Growth- Within_July15.pdf.
25. European Union, *Moving Towards a Circular Economy with EMAS: Best Practices to Implement Circular Economy Strategies (with Case Study Examples)* (2017): ht tps://ec.europa.eu/environment/emas/pdf/other/report_EMAS_Circular_Econo my.pdf.
26. C. B. Bhattacharya, S. Sen & D. Korschun, 'Using corporate social responsibility to win the war for talent', *MIT Sloan Management Review* 49 (2008), 37–44.
27. Global Tolerance, *The Values Revolution* (2015): http://crnavigator.com/materia ly/bazadok/405.pdf.
28. R. G. Eccles, K. Miller Perkins & G. Serafeim, 'How to become a sustainable com pany', *MIT Sloan Management Review* 53 (2012), 43–50.
29. ISO, *Introduction to ISO 14001: 2015* (2015): https://www.iso.org/files/live/sit es/isoorg/files/store/en/PUB100371.pdf.
30. J. M. Sullivan, *Creating Employee Champions: How to Drive Business Success Th rough Sustainability Engagement Training* (Routledge, 2014).
31. P. Polman & C. B. Bhattacharya, 'Engaging employees to create a sustainable bu siness', *Stanford Social Innovation Review* Fall 2016, 34–9.
32. J. B. Rodell, J. E. Booth, J. W. Lynch & K. P. Zipay, 'Corporate volunteering clima te: Mobilizing employee passion for societal causes and inspiring future charitab le action', *Academy of Management Journal* 60 (2017), 1662–81.
33. EY and UN Global Compact, *The State of Sustainable Supply Chains: Building Responsible and Resilient Supply Chains* (2016):https://www.ey.com/Publicati on/vwLUAssets/ EY-building-responsible-and-resilient-supply-chains/$FILE/ EY- building-responsible-and-resilient-supply-chains.pdf.
34. CDP, *Missing Link: Harnessing the Power of Purchasing for a Sustainable Fu ture* (2017): https://www.bsr.org/reports/ Report-Supply-Chain-Climate- Change-2017.pdf.
35. UN Global Compact, *Supply Chain Sustainability: A Practical Guide for Continu ous Improvement* (2010): https://www.bsr.org/reports/BSR_UNGC_SupplyChain

Report.pdf.

36. R. Isaksson, P. Johansson & K. Fischer, 'Detecting supply chain innovation potenti al for sustainable development', *Journal of Business Ethics* 97 (2010), 425–42.

37. OECD, *Is There a Role for Blockchain in Responsible Supply Chains?* (2019): ht tps://mneguidelines.oecd.org/ Is-there-a-role-for-blockchain-in-responsible-supply-chains.pdf.

38. C. A. Adams, 'Sustainability and the Company of the Future' in *Reinventing the Company in the Digital Age* (BBVA, 2014), pp. 413–30.

39. Ellen MacArthur Foundation, *Completing the Picture: How the Circular Economy Tackles Climate Change* (2019): https://www.ellenmacarthurfoundation.org/ass ets/downloads/ Completing_The_Picture_How_The_Circular_Economy-_Tackles_ Climate_Change_V3_26_September.pdf.

40. BSR, *Redefining Sustainable Business: Management for a Rapidly Changing World* (2018): https://www.bsr.org/reports/BSR_Redefining_Sustainable_Business.pdf.

41. Corporate Leaders Group, 'More than 200 leading businesses urge UK Govern ment to deliver resilient recovery plan' (2020):https://www.corporateleadersgro up.com/ reports-evidence-and-insights/news-items/leading-businesses-urge-uk-government-to-deliver-resilient-recovery-plan

42. UN Global Compact, *The Ambition Loop: How Business and Government Can Advance Policies that Fast Track Zero-carbon Economic Growth* (2018): https:// www.unglobalcompact.org/library/5648.

43. UN Global Compact, *Guide for Responsible Corporate Engagement in Climate Policy: A Caring for Climate Report* (2013): https://www.unglobalcompact.org/ docs/issues_doc/Environment/climate/Guide_Responsible_Corporate_Engagem ent_Climate_Policy.pdf.

44. AccountAbility and UN Global Compact, *Towards Responsible Lobbying: Leader ship and Public Policy* (2005): https://www.unglobalcompact.org/docs/news_eve nts/8.1/rl_final.pdf.

45. L. Georgeson & M. Maslin, 'Estimating the scale of the US green economy within the global context', *Palgrave Communications* 5 (2019), 1–12.

46. UNFCCC, *Energizing Entrepreneurs to Tackle Climate Change: Addressing Clim ate Change Through Innovation* (2018): https://unfccc.int/ttclear/misc_/StaticFil es/gnwoerk_static/brief12/bd80d2dd55e64d8ebdbc07752108c52c/af75fb524 aa042e2a4f795ba6f29196f.pdf.

▌第八章

1. E, Somanathan *et al.*, 'National and Sub-national Policies and Institutions' in *Cli mate Change 2014: Mitigation of Climate Change. Contribution of Working Gr oup* III *to the Fifth Assessment Report of the Intergovernmental Panel on Clima te Change* (2014): https://www.ipcc.ch/site/assets/uploads/2018/02/ipcc_wg3_ ar5_chapter15.pdf.

2. C. C. Jaeger, K. Hasselmann, G. Leipold, D. Mangalagiu & J. D. Tabara, *Refram ing the Problem of Climate Change: From Zero Sum Game to Win–Win Solutio ns* (Earthscan, 2012).

3. PwC, *Innovation: Government's Many Roles in Fostering Innovation* (2010): https:// www.pwc.com/gx/en/technology/pdf/ how-governments-foster-innovation.pdf.

4. T. Bruckner *et al.*, 'Energy Systems' in *Climate Change 2014: Mitigation of Cli*

mate Change. Contribution of Working Group III to the Fifth Assessment Report of the ntergovernmental Panel on Climate Change (2014): https://www.ipcc.ch/site/assets/uploads/2018/02/ipcc_wg3_ar5_chapter7.pdf.

5. UNEP, *Waste to Energy: Considerations for Informed Decision-Making* (2019): https://www.developmentaid.org/api/frontend/cms/uploadedImages/2019/08/WTEfull-compressed.pdf.

6. L. E. Erickson & M. Jennings, 'Energy, transportation, air quality, climate change, health nexus: Sustainable energy is good for our health', *AIMS Public Health* 4 (2017), 47–61.

7. R. Sims *et al.*, 'Transport' in *Climate Change 2014: Mitigation of Climate Change. Contribution of Working Group III to the Fifth Assessment Report of the Intergovernmental Panel on Climate Change* (2014): https://www.ipcc.ch/site/assets/uploads/2018/02/ipcc_wg3_ar5_chapter8.pdf.

8. D. Coady, I. Parry, N. Le & B. Shang, *Global Fossil Fuel Subsidies Remain Large: An Update Based on Country-Level Estimates* (IMF working paper, 2019): https://www.imf.org/en/Publications/WP/Issues/2019/05/02/ Global-Fossil-Fuel-Subsidies-Remain-Large-An-Update-Based-on-Country-Level-Estimates-46509.

9. IISD, *Fossil Fuel to Clean Energy Subsidy Swaps: How to pay for an energy revolution* (2019): https://www.iisd.org/sites/default/files/publications/ fossil-fuel-clean-energy-subsidy-swap.pdf.

10. OECD, *Taxing Energy Use* (2019): https://www.oecd.org/tax/tax-policy/brochure-taxing-energy-use-2019.pdf.

11. World Bank, *Carbon Tax Guide: A Handbook for Policy Makers* (2017): https://www.cbd.int/financial/2017docs/ wb-carbontaxguide2017.pdf.

12. World Green Building Council, *Bringing Embodied Carbon Upfront: Coordinated Action for the Building and Construction Sector to Tackle Embodied Carbon* (2019): https://www.worldgbc.org/ embodied-carbon.

13. Better Buildings Partnership, *Low Carbon Retrofit Toolkit: A Roadmap to Success* (2010): http://www.betterbuildingspartnership.co.uk/sites/default/files/media/attachment/ bbp-low-carbon-retrofit-toolkit.pdf.

14. J. Bogner *et al.*, 'Waste Management' in *Climate Change 2007: Mitigation. Contribution of Working Group III to the Fourth Assessment Report of the Intergovernmental Panel on Climate Change* (2007): https://archive.ipcc.ch/publications_and_data/ar4/wg3/en/ch10.html.

15. IUCN, *Synergies Between Climate Mitigation and Adaptation in Forest Landscape Restoration* (2015): https://portals.iucn.org/library/node/45203.

16. M. Lof, P. Madsen, M. Metslaid, J. Witzell & D. F. Jacobs, 'Restoring forests: Regeneration and ecosystem function for the future', *New Forests* 50 (2019), 139–51.

17. FAO, *Sustainable Agriculture for Biodiversity: Biodiversity for Sustainable Agriculture* (2018): http://www.fao.org/3/ a-i6602e.pdf.

18. Y. Cerqueira *et al.*, 'Ecosystem Services: The Opportunities of Rewilding in Europe' in *Rewilding European Landscapes* (Springer, 2015), pp. 47–64.

19. N. Pettorelli *et al.*, 'Making rewilding fit for policy', *Journal of Applied Ecology* 55 (2018), 1114–25.

20. OECD, *Towards Sustainable Land Use: Aligning Biodiversity, Climate and Food Policies* (2020): http://www.oecd.org/environment/resources/ towards-sustainable-land-use-aligning-biodiversity-climate-and-food-policies.pdf.

21. Committee on Climate Change, *Land Use: Policies for a Net Zero UK* (2020): https://www.theccc.org.uk/ wp-content/uploads/2020/01/ Land-use-Policies-for-a-

Net-Zero-UK.pdf.

22. Compassion in World Farming, *Turning the Food System Round: The Role of Government in Evolving to a Food System That Is Nourishing, Sustainab le, Equitable and Humane* (2019): https://www.ciwf.org.uk/media/7436369/ how-to-transition-to-a-nourishing-sustainable-equitable-and-humane-food-system-2019.pdf.

23. A. R. Camilleri, R. P. Larrick, S. Hossain & D. Patino- Echeverri, 'Consumers unde restimate the emissions associated with food but are aided by labels', *Nature Cli mate Change* 9 (2019), 53–8.

24. EPHA & HCWH Europe, *How Can the EU Farm to Fork Strategy Contribute? Public Procurement for Sustainable Food Environments* (2019): https://epha. org/ wp-content/uploads/2019/12/ public-procurement-for-sustainable-food-environments-epha-hcwh-12-19.pdf.

25. O. De Schutter, *The Power of Procurement: Public Purchasing in the Service of Re alizing the Right to Food* (2014): https://www.pianoo.nl/sites/default/files/docu ments/documents/thepowerofprocurement.pdf.

26. Department of Health & Social Care, *Consultation on Restricting Promotions of Products High in Fat, Sugar and Salt by Location and By Price* (2019): https:// assets.publishing.service.gov.uk/government/uploads/system/uploads/attachm ent_data/file/770704/ consultation-on-restricting-price-promotions-of-HFSS-products.pdf.

27. True Animal Protein Price Coalition, *Aligning Food Pricing Policies with the Europ ean Green Deal: True Pricing of Meat and Dairy in Europe, Including CO2 Costs* (2020): https://www.tappcoalition.eu/ true-pricing-of-food.

28. L. Cornelsen & A. Carreido, *Health-related Taxes on Food and Beverages* (Food Research Collaboration, 2015): https://foodresearch.org.uk/publications/ health-related-taxes-on-food-and-beverages/.

29. Defra, *Clean Air Strategy 2019* (2019): https://assets.publishing.service.gov.uk/ government/uploads/system/uploads/attachment_data/file/770715/ clean-air-strategy-2019.pdf.

30. WWF, *Saving the Earth: A Sustainable Future for Soils and Water* (2018): https:// www.wwf.org.uk/sites/default/files/ 2018-04/WWF_Saving_The_Earth_Report_ HiRes_DPS_0.pdf.

31. Global Food Security & UK Water Partnership, *Agriculture's Impacts on Water Qu ality* (2015): https://www.foodsecurity.ac.uk/publications/archive/page/5/.

32. X. Poux & P. M. Aubert, *An Agroecological Europe in 2050: Multifunctional Agric ulture for Healthy Eating. Findings from the Ten Years for Agroecology (TYFA) Mo delling Exercise* (IDDRI,2018): https://www.iddri.org/sites/default/files/PDF/Publi cations/Catalogue%20Iddri/Etude/ 201809-ST0918EN-tyfa.pdf.

33. UNDP, *Taxes on Pesticides and Chemical Fertilizers* (2017): https://www.undp. org/content/dam/sdfinance/doc/Taxes%20on%20pesticides%20and%20 chemical%20fertilizers%20_%20UNDP.pdf.

34. PMR & ICAP, *Emissions Trading in Practice: A Handbook on Design and Impleme ntation* (2016): https://icapcarbonaction.com/en/?option=com_attach&task=d ownload&id=364.

35. European Environment Agency, *National Climate Change Vulnerability and Risk Assessments in Europe, 2018* (2018):https://www.eea.europa.eu/publications/ national-climate-change-vulnerability-2018.

36. UNESCO and UNFCCC, *Action for Climate Empowerment: Guidelines for Acceler*

ating Solutions Through Education, Training and Public Awareness (2016): https://unfccc.int/sites/default/files/action_for_climate_empowerment_guidelines.pdf.

37. OECD, *Integrating Climate Change Adaptation into Development Co-operation: Policy Guidance* (2009): https://www.oecd.org/env/cc/44887764.pdf.
38. OECD, *Climate-resilient Infrastructure: Policy Perspectives* (2018): http://www.oecd.org/environment/cc/ policy-perspectives-climate-resilient-infrastructure.pdf.
39. J. Rydge, M. Jacobs & I. Granoff, *Ensuring New Infrastructure Is Climate-Smart* (New Climate Economy, 2015): https://newclimateeconomy.report/2015/ wp-content/uploads/sites/3/2014/08/ Ensuring-infrastructure-is-climate-smart.pdf.
40. S. L. Lewis & M. A. Maslin, *The Human Planet: How We Created the Anthropocene* (Penguin, 2018).
41. 51. RSA, *Creative Citizen, Creative State–The Principled and Pragmatic Case for a Universal Basic Income* (2015): https://www.thersa.org/globalassets/reports/rsa_basic_income_20151216.pdf.

▌第九章

1. C. C. Jaeger, K. Hasselmann, G. Leipold, D. Mangalagiu & J. D. Tabara, *Reframing the Problem of Climate Change: From Zero Sum Game to Win–Win Solutions* (Earthscan, 2012).
2. C. I. Bradford & J. F. Linn, *Global Governance Reform: Breaking the Stalemate* (Brookings Institution Press, 2007).
3. D. P. Rapkin, J. R. Strand & M. W. Trevathan, 'Representation and governance in international organizations', *Politics and Governance* 4 (2016), 77–89.
4. D. Tapscott, 'A Bretton Woods for the 21st century', *Harvard Business Review* (2014): https://hbr.org/2014/03/ a-bretton-woods-for-the-21st-century.
5. Bretton Woods Project, *What Are the Main Criticisms of the World Bank and IMF?* (2019): https://www.brettonwoodsproject.org/ wp-content/uploads/2019/06/Common-Criticisms-FINAL.pdf.
6. N. McCarthy, 'Oil and gas giants spend millions lobbying to block climate change policies', *Forbes* (25 May 2019): https://www.forbes.com/sites/niallmccarthy/2019/03/25/ oil-and-gas-giants-spend-millions-lobbying-to-block-climate-change-policies-infographic/#1bddde527c4f.
7. K. Das, H. van Asselt, S. Droege & M. Mehling, *Making the International Trade System Work for Climate Change: Assessing the Options* (Climate Strategies, 2018): https://climatestrategies.org/ wp-content/uploads/2018/07/ CS-Report-_Trade- WP4.pdf.
8. UNCTAD, *Trade and Development Report 2018: Power, Platforms and the Free Trade Delusion* (2018): https://unctad.org/en/PublicationsLibrary/tdr2018_en.pdf.
9. J. Hinkel, *The Divide: A Brief Guide to Global Inequality and Its Solutions* (Heinemann, 2017).
10. D. Kar, *Financial Flows and Tax Havens: Combining to Limit the Lives of Billions of People* (Norwegian School of Economics et al., 2016): https://gfintegrity.org/report/ financial-flows-and-tax-havens-combining-to-limit-the-lives-of-billions-of-people/.
11. United Nations, 'Security Council: Current members' (2020): https://www.un.org/securitycouncil/content/ current-members.
12. L. Cabrera, *Strengthening Security, Justice, and Democracy Globally: The Case*

    for a United Nations Parliamentary Assembly (Commission on Global Security, Justice & Governance, 2015):https://www.stimson.org/ wp-content/files/Commission_BP_Cabrera.pdf.
13. Wikipedia, 'Democracy Index' (2020): https://en.wikipedia.org/wiki/Democracy_Index.
14. V. Popovski, *Reforming and Innovating the United Nations ecurity Council* (Commission on Global Security, Justice & overnance, 2015): https://www.stimson.org/ wp-content/files/Commission_BP_Popovski1.pdf.
15. L. Georgeson, 'Why is there still no World Environment rganisation?' *The Conversation* (22 April 2014): https://theconversation.com/ why-is-there-still-no-world-environment-organisation-25792.
16. United Nations System, 'Total revenue by agency' (2018): https://www.unsystem.org/content/ FS-A00-03?gyear=2018.
17. J. D. Ostry, P. Loungani & D. Furceri, *Neoliberalism: Oversold?* (IMF, 016): https://www.imf.org/external/pubs/ft/fandd/2016/06/pdf/ostry.pdf.
18. A. Kapoor & B. Debroy, 'GDP Is not a measure of human well-being', *arvard Business Review* (4 October 2019): https://hbr.org/2019/10/ gdp-is-not-a-measure-of-human-well-being.
19. J. A. McGregor & N. Pouw, 'Towards an economics of well-being', *ambridge Journal of Economics* 41 (2016), 1123–42.
20. Credit Suisse Research Institute, *Global Wealth Report 2019* 2019): https://www.credit-suisse.com/ about-us-news/en/articles/ media-releases/global-wealth-report-2019--global-wealth-rises-by-2-6--driven-by-201910.html.
21. N. Maxwell, 'From Knowledge to Wisdom: The Need for an cademic Revolution', *London Review of Education* 5 (2007), 97–115.
22. United Nations, 'Sustainability Development Goals' (2020):https://sustainabledevelopment.un.org/.
23. Editorial, 'Get the Sustainable Development Goals back on track', *Nature* 577 (2020), 7–8.
24. Wikipedia, 'List of treaties unsigned or unratified by the United States' (2020): https://en.wikipedia.org/wiki/List_of_treaties_unsigned_or_unratified_by_the_United_States.
25. Credit Suisse Research Institute, *Asia in Transition* (2018): https://www. credit-suisse.com/ about-us-news/en/articles/news-and-expertise/emerging-asia-will-produce-more-than-half-of-global-output-201811.html.
26. World Bank, 'GDP, PPP (current international $) – European Union, United States, China' (2020): https://data.worldbank.org/indicator/NY.GDP.MKTP.PP.CD?end= 2018&locations= EU-US-CN&start=1960 (2020).
27. United Nations, *World Population Prospects 2019: Highlights* (2019): https://population.un.org/wpp/Publications/Files/WPP2019_Highlights.pdf.
28. US National Intelligence Council, *Global Trends 2030: Alternative Worlds* (2012): https://globaltrends2030.files.wordpress.com/2012/11/ global-trends-2030-november2012.pdf.
29. H. Kharas, *The Unprecedented Expansion of the Global Middle Class: An Update* (Brookings Institution, 2017): https://www.brookings.edu/ wp-content/uploads/2017/02/ global_20170228_global- middle-class.pdf.
30. Friends of the Earth, 'Natural resources: Overconsumption and the environment' (2020): https://friendsoftheearth.uk/natural-resources.
31. McKinsey Global Institute, *Asia's Future Is Now* (2019): https://www.mckins

ey.com/~/media/McKinsey/Featured%20Insights/Asia%20Pacific/Asias%20 future%20is%20now/ Asias-future-is-now-final.ashx.

32. IPCC, *Global Warming of 1.5°C: An IPCC Special Report* (2019):https://www. ipcc.ch/site/assets/uploads/sites/2/2019/06/SR15_Full_Report_High_Res.pdf.

33. FAO, *Zero-deforestation Commitments: A New Avenue Towards Enhanced Fore st Governance?* (2018): http://www.fao.org/3/i9927en/I9927EN.pdf.

34. UNEP, *Sustainable Consumption and Production: A Handbook for Policymakers* (2015): https://sustainabledevelopment.un.org/content/documents/1951Sustain able%20Consumption.pdf.

35. UNCTAD, *Growth and Poverty Eradication: Why Addressing Inequality Matters* (2013): https://unctad.org/en/PublicationsLibrary/presspb2013d4_en.pdf.

36. RSA, *Creative Citizen, Creative State—The Principled and Pragmatic Case for a Universal Basic Income* (2015): https://www.thersa.org/globalassets/reports/ rsa_basic_income_20151216.pdf.

37. United Nations, *The Sustainable Development Goals Report 2019* (2019): htt ps://unstats.un.org/sdgs/report/2019/ The-Sustainable-Development-Goals- Report-2019.pdf.

38. N. Stern *et al.*, *Stern Review: The Economics of Climate Change* (UK Governme nt, 2006).

39. R. Stavins *et al.*, 'International Cooperation: Agreements & Instruments' in *Clima te Change 2014: Mitigation of Climate Change. Contribution of Working Group III to the Fifth Assessment Report of the Intergovernmental Panel on Climate Cha nge* (2014): https://www.ipcc.ch/site/assets/uploads/2018/02/ipcc_wg3_ar5_ch apter13.pdf.

40. UN Division for Sustainable Development, *A Guidebook to the Green Economy* (2012): https://sustainabledevelopment.un.org/content/documents/738GE%20 Publication.pdf.

41. K. Williamson, A. Satre- Meloy, K. Velasco & K. Green, *Climate Change Nee ds Behavior Change: Making the Case for Behavioral Solutions to Reduce Gl obal Warming* (Rare, 2018): https://rare.org/ wp-content/uploads/2019/02/ 2018-CCNBC-Report.pdf.

42. S. Laville, 'One year to save the planet: a simple, surprising guide to fighting the climate crisis in 2020', *Guardian* (7 January 2020):https://www.theguardian. com/environment/2020/jan/07/save-the-planet-guide-fighting-climate-crisis- veganism-flying-earth-emergency-action.

43. E. Somanathan *et al.*, 'National and Sub-national Policies and Institutions' in *Cli mate Change 2014: Mitigation of Climate Change. Contribution of Working Gr oup III to the Fifth Assessment Report of the Intergovernmental Panel on Clima te Change* (2014): https://www.ipcc.ch/site/assets/uploads/2018/02/ipcc_wg3_ ar5_chapter15.pdf.

44. D. Ivanova, *et al.*, 'Quantifying the potential for climate change mitigation of co nsumption options', *Environmental Research Letters* (2020).

45. BSR, *Business in a Climate-Constrained World: Creating an Action Agenda for Private-sector Leadership on Climate Change* (2015):http://www.bsr.org/reports/ bsr-bccw-creating-action-agenda-private-sector-leadership-climate-change.pdf.

46. AccountAbility and UN Global Compact, *Towards Responsible Lobbying: Leader ship and Public Policy* (2005): https://www.unglobalcompact.org/docs/news_eve nts/8.1/rl_final.pdf

47. UNFPA, *Unfinished Business: The Pursuit of Rights and Choices for All* (2019): ht

tps://www.unfpa.org/sites/default/files/pub-pdf/UNFPA_PUB_2019_EN_State_of_World_Population.pdf.

▌結語

1. 1. C. Le Quere, R. B. Jackson, M. W. Jones et al., 'Temporary reduction in daily global CO2 emissions during the COVID-19 forced confinement', Nature Clima te Change 2020): https://doi.org/10.1038/ s41558-020-0797-x

▌番外篇

1. NASA, 'Our Solar System' (2009): https://www.jpl.nasa.gov/edu/pdfs/ ss-high.pdf.
2. NASA, 'Earth fact sheet' (2020): https://nssdc.gsfc.nasa.gov/planetary/factsheet/ earthfact.html.
3. M. Pidwirny, 'Introduction to the oceans', *Fundamentals of Physical Geography* (2nd edn, 2006): http://www.physicalgeography.net/fundamentals/8o.html.
4. BBC News, 'Nepal and China agree on Mount Everest's height'(8 April 2010): http://news.bbc.co.uk/1/hi/world/south_asia/8608913.stm.
5. Israel Oceanographic & Limnological Research, 'Long- term hanges in the Dead Sea' (2020): https://isramar.ocean.org.il/isramar2009/DeadSea/LongTerm.aspx.
6. J. V. Gardner, A. A. Armstrong, B. R. Calder & J. Beaudoin, 'So, how deep is the Mariana Trench?', *Marine Geodesy* 37 (2014), 1–13.
7. NASA Earth Observatory, 'World of Change: Global temperatures'(2020): htt ps://earthobservatory.nasa.gov/ world-of-change/decadaltemp.php.
8. Arizona State University, 'World Meteorological Organization Global Weath er & Climate Extremes Archive' (2020): https://wmo.asu.edu/content/ world-meteorological-organization-global-weather-climate-extremes-archive.
9. J. A. Quinn & S. L. Woodward, *Earth's Landscape: An Encyclopedia of the World 's Geographic Features* (ABC- CLIO,2015).
10. J. Boenigk, S. Wodniok & E. Glucksman, *Biodiversity and Earth History* (Springer, 2015), doi:10.1007/ 978-3-662-46394-9.
11. R. Ramachandran *et al.*, 'Integrated Management of the Ganges Delta, India' in *Coasts and Estuaries: The Future*, ed. E. Wolanski, J. W. Day, M. Elliott & R. Ram achandran (Elsevier, 2019).
12. C. Holzapfel, 'Deserts' in *Encyclopedia of Ecology* (2nd edn), ed. B. Fath (Elsevier, 2008), doi:10.1016/ B978-0-444-63768-0.00326-7,pp. 447–66.
13. FAO, *The State of the World's Forests: Forest Pathways to Sustainable Developme nt* (2018): http://www.fao.org/3/I9535EN/i9535en.pdf.
14. A. D. Chapman, *Numbers of Living Species in Australia and the World* (2009): https://www.environment.gov.au/system/files/pages/ 2ee3f4a1-f130-465b-9c7a-79373680a067/files/ nlsaw-2nd-complete.pdf.
15. K. J. Locey & J. T. Lennon, 'Scaling laws predict global microbial diversity', *Proce edings of the National Academy of Sciences of the USA* 113 (2016), 5970–75.
16. United Nations, *World Population Prospects 2019: Highlights* (2019): https://po pulation.un.org/wpp/Publications/Files/WPP2019_Highlights.pdf.

致謝

作者要感謝下列人士:

喬漢娜(Johanna)、亞歷山大(Alexandra)和艾比(Abbie)在疫情封鎖期間一起在家並且讓我完成這本書。

我的經紀人泰莎·大衛(Tessa David)在我提出這個瘋狂的點子時答應了,並且讓這本獨特的書有現在的風格。

企鵝圖書公司的編輯艾蜜莉·羅賓森(Emily Robinson)和蘇珊娜·班奈特(Susannah Bennett),核實編輯凱洛·羅伯茲(Carole Roberts),審稿編輯艾瑪·哈頓(Emma Horton)。

倫敦大學學院和 Rezatec 公司的同仁。

感謝我在氣象學、化學、經濟學、工程學、地質學、地理學、史學、人文科學、社會科學、醫學、藝術和其他許多領域的傑出同仁,他們一直努力去了解、預測並且減緩人類對地球造成的負面影響。

最後要感謝孫武,他在 2500 年前寫的《孫子兵法》,成為我寫這本書的靈感。

Earth 22

拯救地球
How To Save Our Planet: The Facts

作　　者—馬克・馬斯林 Mark Maslin
譯　　者—鄧子衿
主　　編—李筱婷
封面設計—兒日設計

總 編 輯—胡金倫
董 事 長—趙政岷
出 版 者—時報文化出版企業股份有限公司
　　　　　一〇八〇一九台北市和平西路三段二四〇號七樓
　　　　　發行專線—(〇二)二三〇六—六八四二
　　　　　讀者服務專線—〇八〇〇—二三一—七〇五
　　　　　　　　　　　(〇二)二三〇四—七一〇三
　　　　　讀者服務傳眞—(〇二)二三〇四—六八五八
　　　　　郵撥——一九三四四七二四時報文化出版公司
　　　　　信箱——〇八〇一九台北華江橋郵局第九九信箱
時報悅讀網— http://www.readingtimes.com.tw
時報官網—http://www.facebook.com/readingtimes.fans
法律顧問—理律法律事務所 陳長文律師、李念祖律師
印刷—勁達印刷有限公司
初版一刷—二〇二二年四月十五日
定價—新台幣三二〇元
(缺頁或破損的書,請寄回更換)

時報文化出版公司成立於一九七五年,
並於一九九九年股票上櫃公開發行,於二〇〇八年脫離中時集團非屬旺中,
以「尊重智慧與創意的文化事業」爲信念。

拯救地球／馬克・馬斯林(Mark Maslin)著;鄧子衿譯 .-- 初版 . --
臺北市:時報文化出版企業股份有限公司, 2022.04
224 面;13.5x20 公分 . -- (Earth;22)
譯自:How to save our planet : the facts.

ISBN 978-626-335-263-6(平裝)

1.CST: 氣候變遷 2.CST: 環境保護

445.99　　　　　　　　　　　　　　　　　11100452

ISBN 978-626-335-263-6
Printed in Taiwan